초등 메가 계산력

11권

초등 6학년

자기 주도 학습력을 기르는 1일 10분 공부 습관!

공부가 쉬워지는 힘, 자기 주도 학습력!

자기 주도 학습력은 스스로 학습을 계획하고, 계획한 대로 실행하고, 결과를 평가하는 과정에서 향상됩니다.
이 과정을 매일 반복하여 훈련하다 보면 주체적인 학습이 가능해지며 이는 곧 공부 자신감으로 연결됩니다.

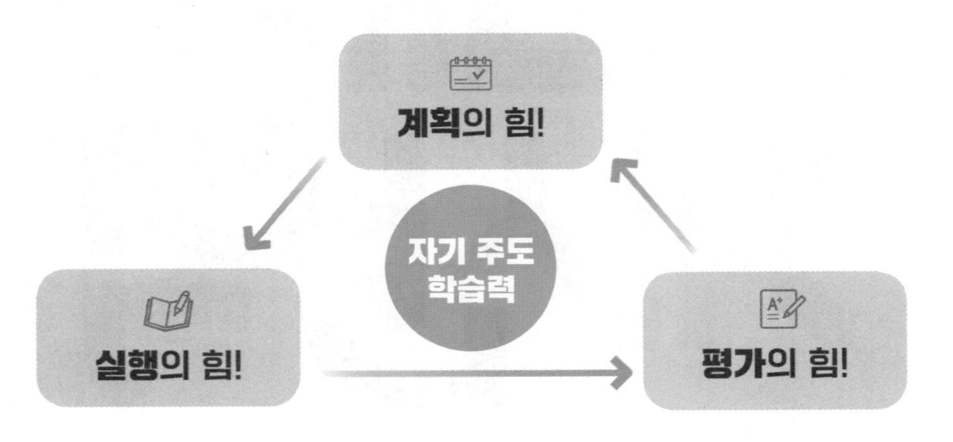

1일 10분 시리즈의 3단계 학습 로드맵

〈1일 10분〉 시리즈는 계획, 실행, 평가하는 3단계 학습 로드맵으로 자기 주도 학습력을 향상시킵니다.
또한 1일 10분씩 꾸준히 학습할 수 있는 **부담 없는 학습량으로 매일매일 공부 습관이 형성**됩니다.

1단계 학습 계획하기

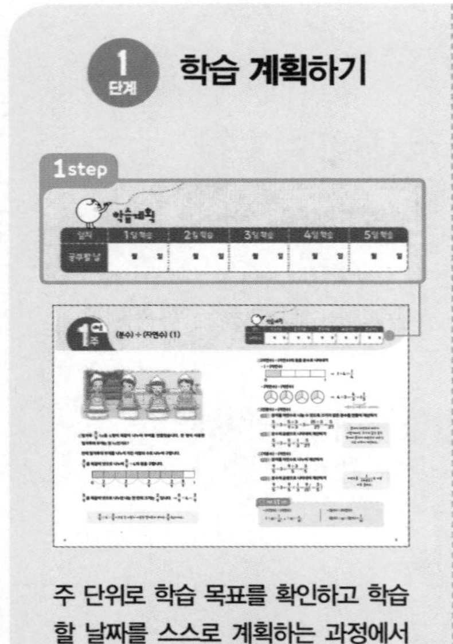

주 단위로 학습 목표를 확인하고 학습할 날짜를 스스로 계획하는 과정에서 자기 주도 학습력이 향상됩니다.

2단계 학습 실행하기

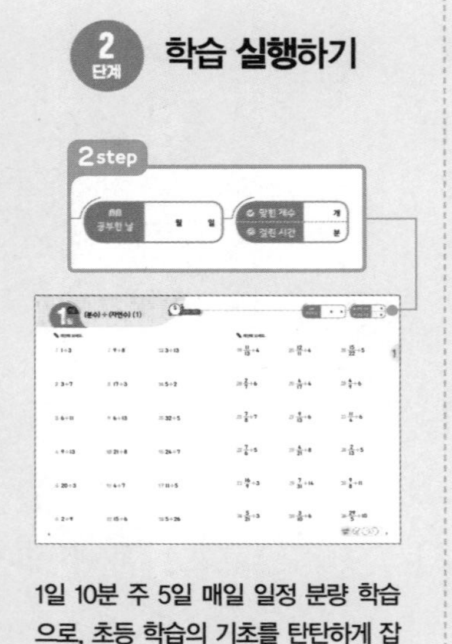

1일 10분 주 5일 매일 일정 분량 학습으로, 초등 학습의 기초를 탄탄하게 잡는 공부 습관이 형성됩니다.

3단계 결과 평가하기

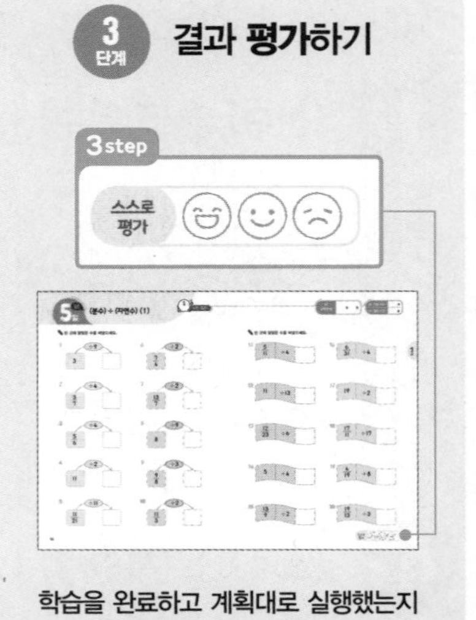

학습을 완료하고 계획대로 실행했는지 스스로 진단하며 성취감과 공부 자신감이 길러집니다.

1일 10분
초등 메가 계산력

핵심 개념

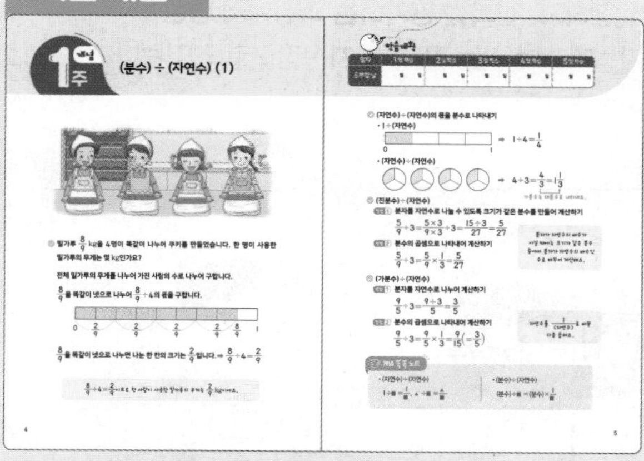

+ 교과서 개념을 바탕으로 연산 원리를 쉽고 재미있게 이해할 수 있습니다.

연산 연습과 반복

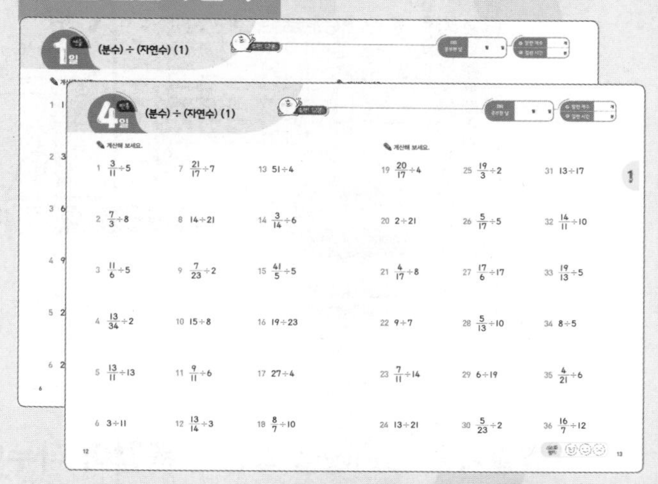

+ 1일 10분 매일 공부하는 습관으로 연산 실력을 키울 수 있습니다.

연산 응용 학습

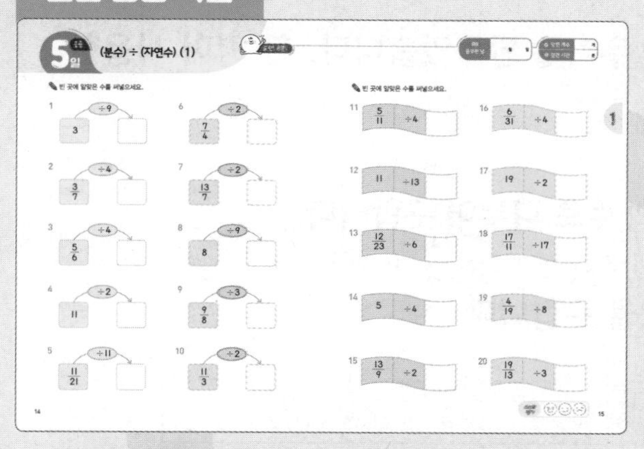

+ 생각하며 푸는 연산으로 계산 원리를 완벽하게 이해할 수 있습니다.

생각 수학

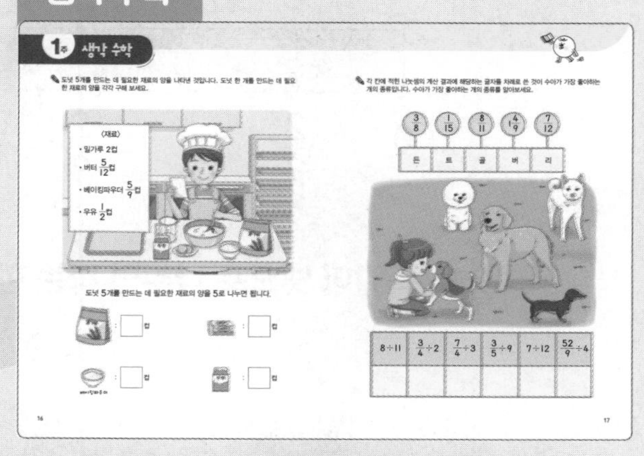

+ 한 주 동안 공부한 연산을 활용한 문제로 수학적 사고력과 창의력을 키울 수 있습니다.

(분수) ÷ (자연수) (1)

밀가루 $\frac{8}{9}$ kg을 4명이 똑같이 나누어 쿠키를 만들었습니다. 한 명이 사용한 밀가루의 무게는 몇 kg인가요?

전체 밀가루의 무게를 나누어 가진 사람의 수로 나누어 구합니다.

$\frac{8}{9}$을 똑같이 넷으로 나누어 $\frac{8}{9} \div 4$의 몫을 구합니다.

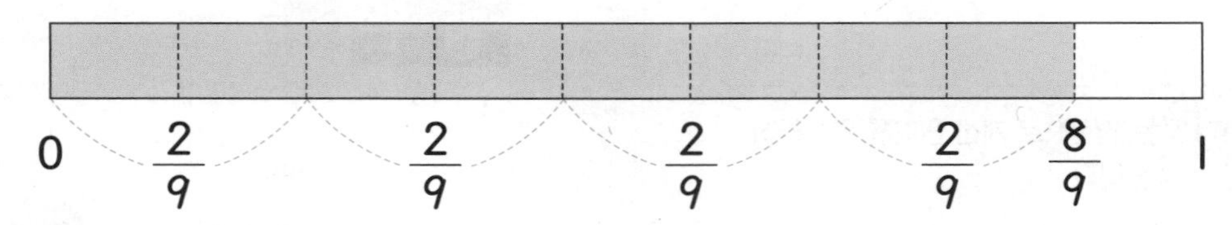

$\frac{8}{9}$을 똑같이 넷으로 나누면 나눈 한 칸의 크기는 $\frac{2}{9}$입니다. ➡ $\frac{8}{9} \div 4 = \frac{2}{9}$

$\frac{8}{9} \div 4 = \frac{2}{9}$이므로 한 사람이 사용한 밀가루의 무게는 $\frac{2}{9}$ kg이에요.

일차	1일 학습	2일 학습	3일 학습	4일 학습	5일 학습
공부할 날	월 일	월 일	월 일	월 일	월 일

(자연수)÷(자연수)의 몫을 분수로 나타내기

• 1÷(자연수)

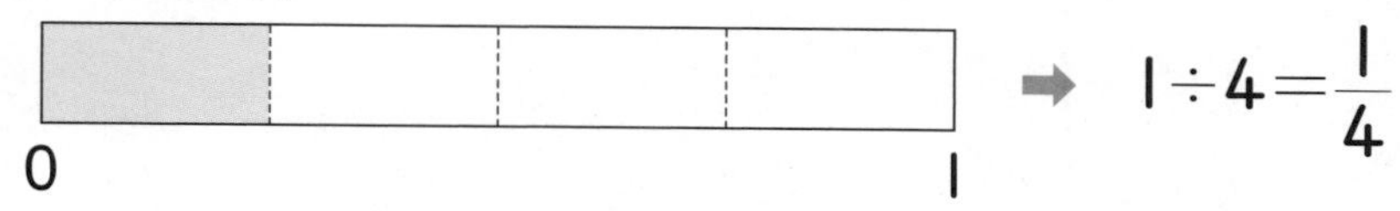

➡ $1 \div 4 = \frac{1}{4}$

• (자연수)÷(자연수)

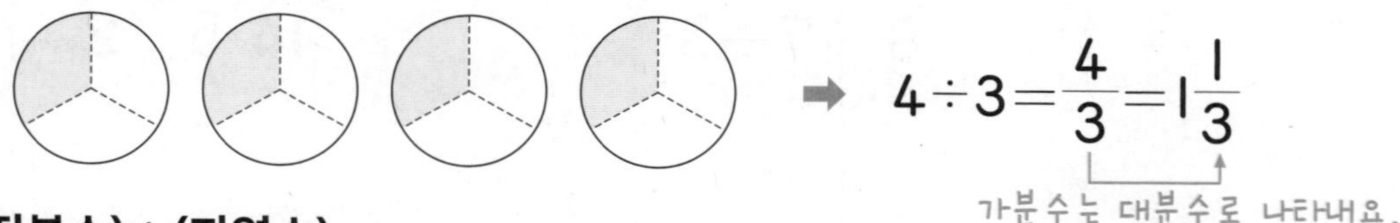

➡ $4 \div 3 = \frac{4}{3} = 1\frac{1}{3}$

가분수는 대분수로 나타내요.

(진분수)÷(자연수)

방법 1 분자를 자연수로 나눌 수 있도록 크기가 같은 분수를 만들어 계산하기

$$\frac{5}{9} \div 3 = \frac{5 \times 3}{9 \times 3} \div 3 = \frac{15 \div 3}{27} = \frac{5}{27}$$

방법 2 분수의 곱셈으로 나타내어 계산하기

$$\frac{5}{9} \div 3 = \frac{5}{9} \times \frac{1}{3} = \frac{5}{27}$$

분자가 자연수의 배수가 아닐 때에는 크기가 같은 분수 중에서 분자가 자연수의 배수인 수로 바꾸어 계산해요.

(가분수)÷(자연수)

방법 1 분자를 자연수로 나누어 계산하기

$$\frac{9}{5} \div 3 = \frac{9 \div 3}{5} = \frac{3}{5}$$

방법 2 분수의 곱셈으로 나타내어 계산하기

$$\frac{9}{5} \div 3 = \frac{9}{5} \times \frac{1}{3} = \frac{9}{15}\left(=\frac{3}{5}\right)$$

자연수를 $\frac{1}{(\text{자연수})}$로 바꾼 다음 곱해요.

개념 쏙쏙 노트

• (자연수)÷(자연수)

$1 \div ■ = \frac{1}{■}$, $▲ \div ■ = \frac{▲}{■}$

• (분수)÷(자연수)

$(\text{분수}) \div ■ = (\text{분수}) \times \frac{1}{■}$

(분수) ÷ (자연수) (1)

계산해 보세요.

1 $1 \div 3$

2 $3 \div 7$

3 $6 \div 11$

4 $9 \div 13$

5 $20 \div 3$

6 $2 \div 9$

7 $9 \div 8$

8 $17 \div 3$

9 $6 \div 13$

10 $21 \div 8$

11 $4 \div 7$

12 $15 \div 6$

13 $3 \div 13$

14 $5 \div 2$

15 $32 \div 5$

16 $24 \div 7$

17 $11 \div 5$

18 $5 \div 26$

계산해 보세요.

19 $\frac{11}{13} \div 4$

20 $\frac{2}{7} \div 6$

21 $\frac{7}{8} \div 7$

22 $\frac{7}{6} \div 5$

23 $\frac{16}{9} \div 3$

24 $\frac{5}{21} \div 3$

25 $\frac{12}{11} \div 4$

26 $\frac{4}{17} \div 4$

27 $\frac{9}{13} \div 6$

28 $\frac{4}{21} \div 8$

29 $\frac{7}{31} \div 14$

30 $\frac{3}{10} \div 6$

31 $\frac{15}{22} \div 5$

32 $\frac{4}{9} \div 6$

33 $\frac{11}{4} \div 6$

34 $\frac{2}{13} \div 5$

35 $\frac{9}{8} \div 11$

36 $\frac{29}{5} \div 10$

스스로 평가

2일 반복

(분수) ÷ (자연수) (1)

계산해 보세요.

1 $7 \div 6$

2 $5 \div 9$

3 $2 \div 7$

4 $11 \div 14$

5 $18 \div 13$

6 $24 \div 9$

7 $19 \div 3$

8 $8 \div 25$

9 $14 \div 23$

10 $2 \div 51$

11 $6 \div 5$

12 $13 \div 7$

13 $8 \div 9$

14 $17 \div 4$

15 $3 \div 20$

16 $52 \div 7$

17 $6 \div 29$

18 $25 \div 3$

계산해 보세요.

19 $\frac{3}{7} \div 5$

20 $\frac{1}{6} \div 4$

21 $\frac{2}{3} \div 9$

22 $\frac{7}{4} \div 8$

23 $\frac{7}{11} \div 6$

24 $\frac{2}{13} \div 3$

25 $\frac{7}{16} \div 2$

26 $\frac{3}{17} \div 3$

27 $\frac{2}{19} \div 4$

28 $\frac{23}{11} \div 3$

29 $\frac{5}{18} \div 2$

30 $\frac{21}{8} \div 5$

31 $\frac{3}{8} \div 2$

32 $\frac{11}{9} \div 3$

33 $\frac{7}{4} \div 3$

34 $\frac{3}{16} \div 6$

35 $\frac{2}{31} \div 2$

36 $\frac{32}{9} \div 8$

3일 반복 (분수) ÷ (자연수) (1)

계산해 보세요.

1 $3 \div 7$

2 $\frac{1}{3} \div 3$

3 $\frac{7}{2} \div 4$

4 $\frac{11}{7} \div 5$

5 $3 \div 17$

6 $\frac{14}{9} \div 4$

7 $6 \div 7$

8 $\frac{1}{6} \div 7$

9 $6 \div 5$

10 $\frac{33}{31} \div 3$

11 $11 \div 13$

12 $\frac{2}{11} \div 4$

13 $\frac{5}{21} \div 10$

14 $21 \div 19$

15 $\frac{2}{3} \div 7$

16 $\frac{7}{8} \div 5$

17 $\frac{7}{15} \div 21$

18 $\frac{16}{21} \div 8$

계산해 보세요.

19 $\frac{11}{13} \div 11$

20 $11 \div 21$

21 $\frac{8}{19} \div 8$

22 $23 \div 18$

23 $\frac{34}{21} \div 2$

24 $9 \div 4$

25 $3 \div 5$

26 $\frac{6}{11} \div 5$

27 $\frac{25}{9} \div 4$

28 $\frac{19}{17} \div 3$

29 $\frac{11}{39} \div 2$

30 $\frac{22}{9} \div 4$

31 $\frac{2}{41} \div 2$

32 $14 \div 3$

33 $\frac{5}{17} \div 10$

34 $41 \div 17$

35 $\frac{27}{19} \div 3$

36 $\frac{4}{5} \div 9$

(분수) ÷ (자연수) (1)

계산해 보세요.

1 $\frac{3}{11} \div 5$

2 $\frac{7}{3} \div 8$

3 $\frac{11}{6} \div 5$

4 $\frac{13}{34} \div 2$

5 $\frac{13}{11} \div 13$

6 $3 \div 11$

7 $\frac{21}{17} \div 7$

8 $14 \div 21$

9 $\frac{7}{23} \div 2$

10 $15 \div 8$

11 $\frac{9}{11} \div 6$

12 $\frac{13}{14} \div 3$

13 $51 \div 4$

14 $\frac{3}{14} \div 6$

15 $\frac{41}{5} \div 5$

16 $19 \div 23$

17 $27 \div 4$

18 $\frac{8}{7} \div 10$

계산해 보세요.

19 $\frac{20}{17} \div 4$

20 $2 \div 21$

21 $\frac{4}{17} \div 8$

22 $9 \div 7$

23 $\frac{7}{11} \div 14$

24 $13 \div 21$

25 $\frac{19}{3} \div 2$

26 $\frac{5}{17} \div 5$

27 $\frac{17}{6} \div 17$

28 $\frac{5}{13} \div 10$

29 $6 \div 19$

30 $\frac{5}{23} \div 2$

31 $13 \div 17$

32 $\frac{14}{11} \div 10$

33 $\frac{19}{13} \div 5$

34 $8 \div 5$

35 $\frac{4}{21} \div 6$

36 $\frac{16}{7} \div 12$

스스로 평가 

(분수) ÷ (자연수) (1)

빈 곳에 알맞은 수를 써넣으세요.

1
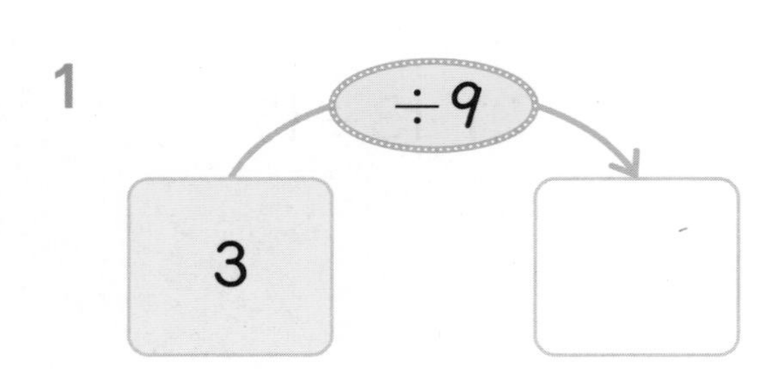

2
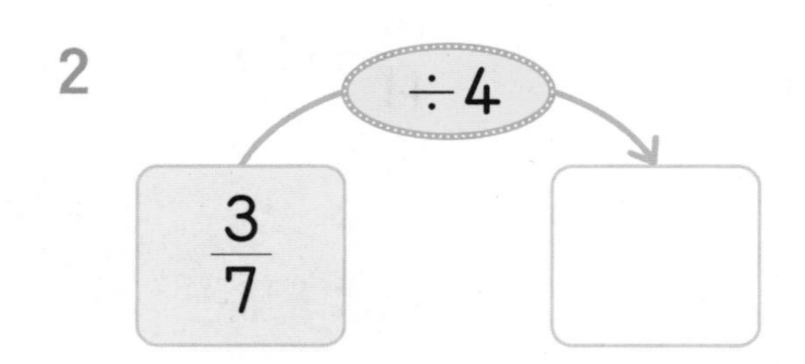

3
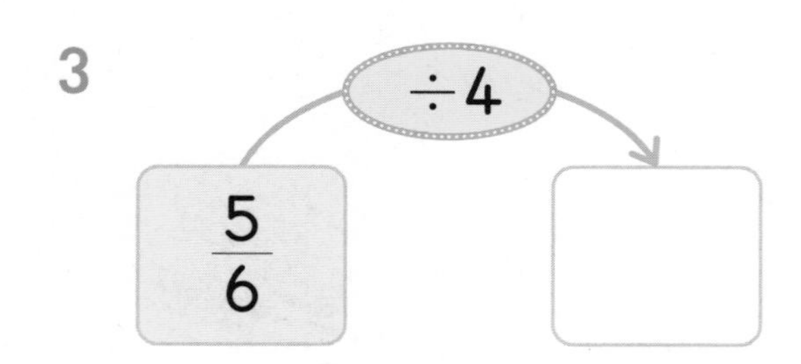

4
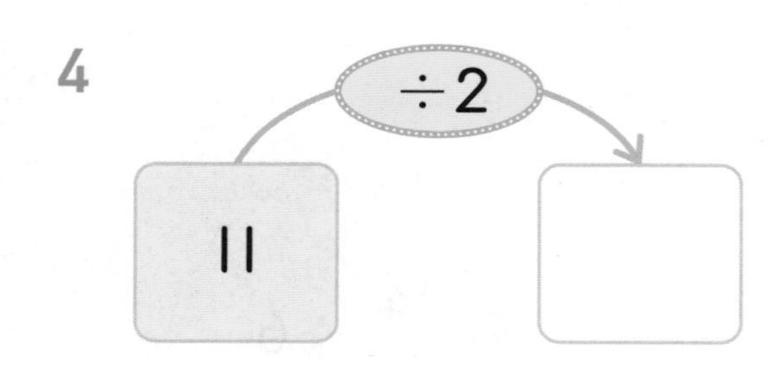

5
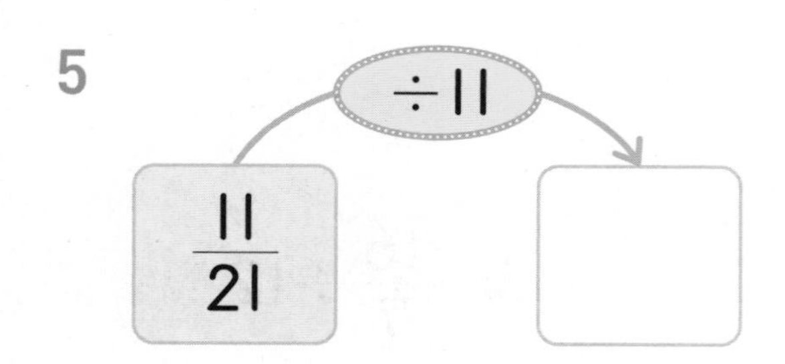

6
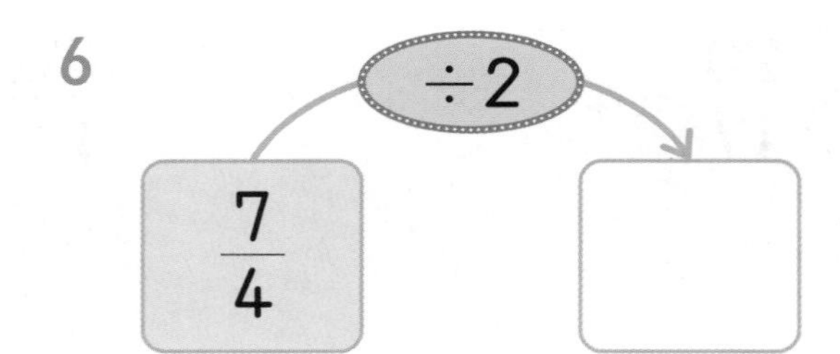

7
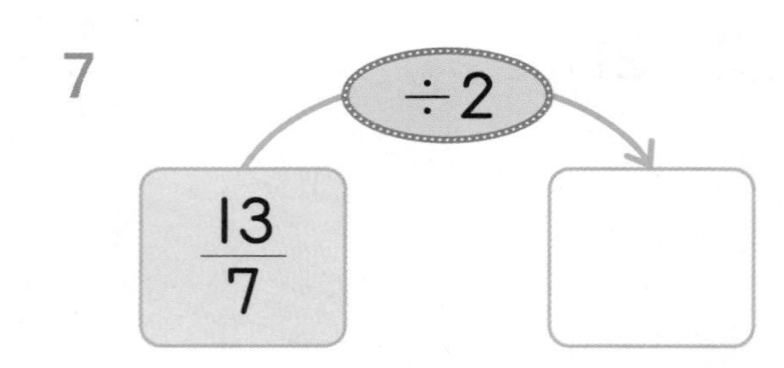

8
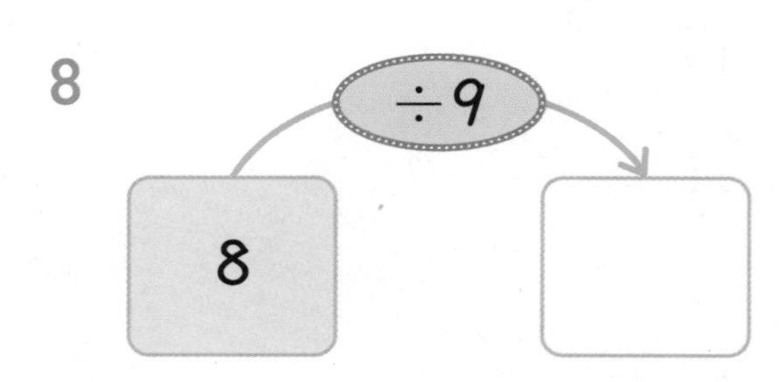

9
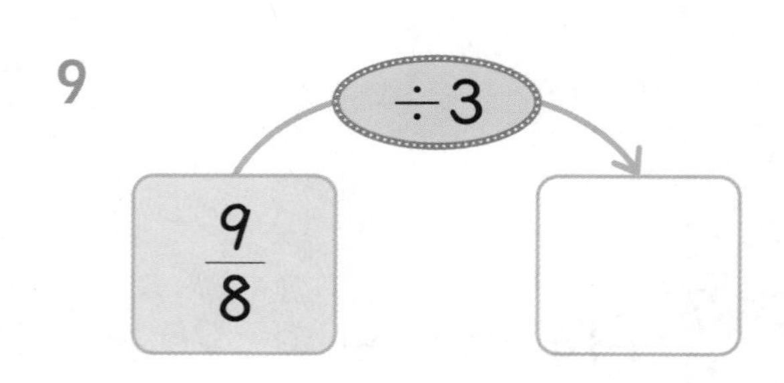

10
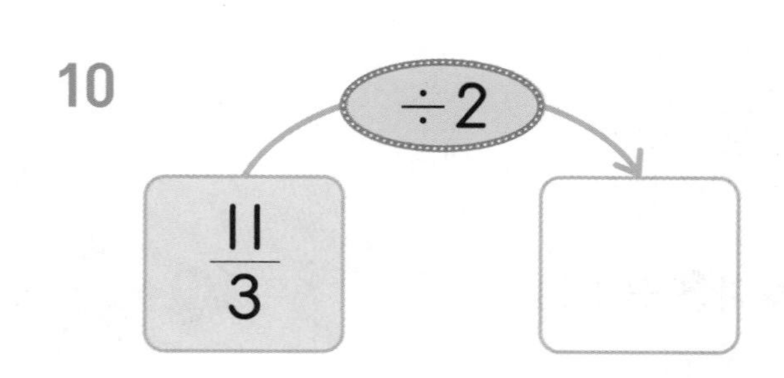

빈 곳에 알맞은 수를 써넣으세요.

11 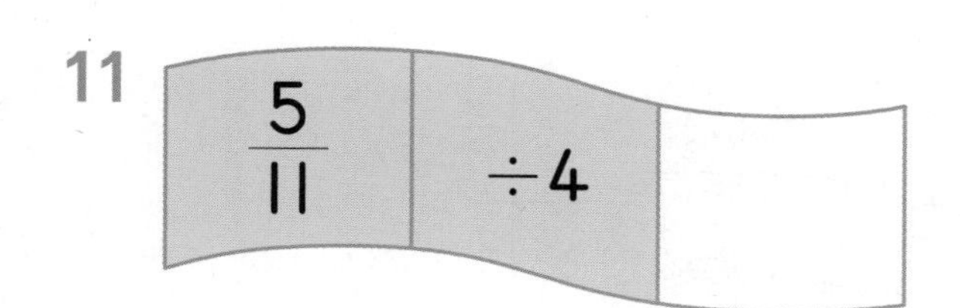
$\frac{5}{11}$ | $\div 4$ | ☐

12 11 | $\div 13$ | ☐

13 $\frac{12}{23}$ | $\div 6$ | ☐

14 5 | $\div 4$ | ☐

15 $\frac{13}{9}$ | $\div 2$ | ☐

16 $\frac{6}{31}$ | $\div 4$ | ☐

17 19 | $\div 2$ | ☐

18 $\frac{17}{11}$ | $\div 17$ | ☐

19 $\frac{4}{19}$ | $\div 8$ | ☐

20 $\frac{19}{13}$ | $\div 3$ | ☐

스스로 평가

1주 생각 수학

도넛 5개를 만드는 데 필요한 재료의 양을 나타낸 것입니다. 도넛 한 개를 만드는 데 필요한 재료의 양을 각각 구해 보세요.

도넛 5개를 만드는 데 필요한 재료의 양을 5로 나누면 됩니다.

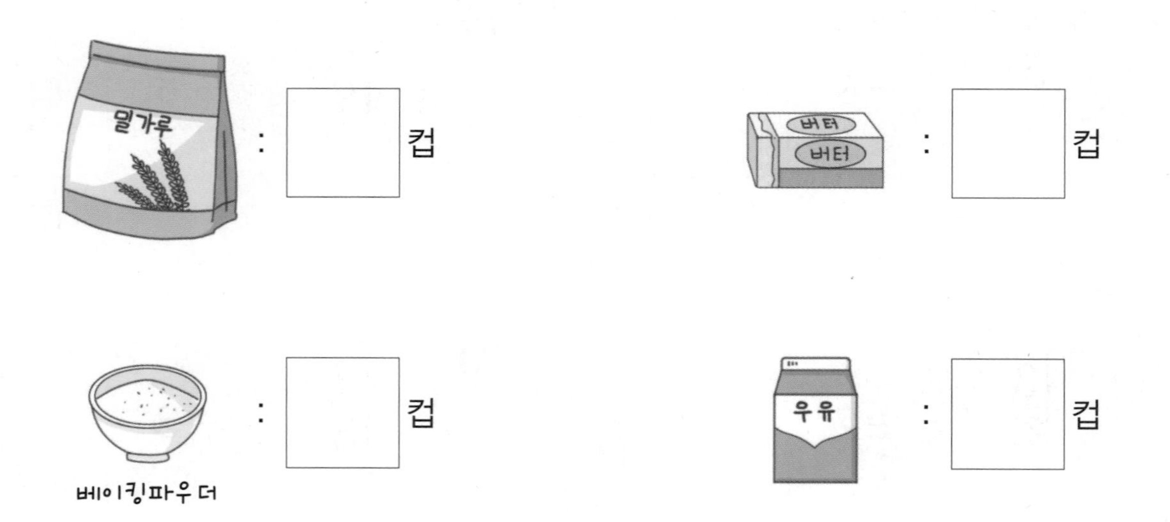

✎ 각 칸에 적힌 나눗셈의 계산 결과에 해당하는 글자를 차례로 쓴 것이 수아가 가장 좋아하는 개의 종류입니다. 수아가 가장 좋아하는 개의 종류를 알아보세요.

$\frac{3}{8}$	$\frac{1}{15}$	$\frac{8}{11}$	$1\frac{4}{9}$	$\frac{7}{12}$
든	트	골	버	리

$8 \div 11$	$\frac{3}{4} \div 2$	$\frac{7}{4} \div 3$	$\frac{3}{5} \div 9$	$7 \div 12$	$\frac{52}{9} \div 4$

(분수) ÷ (자연수) (2)

재호는 똑같은 페인트 4통으로 벽면 $6\frac{2}{3}$ m^2를 칠했습니다. 페인트 한 통으로 칠한 벽면의 넓이는 몇 m^2인가요?

재호가 칠한 벽면의 넓이를 사용한 페인트 통 수로 나누어 구합니다.

$6\frac{2}{3}$를 똑같이 넷으로 나누어 $6\frac{2}{3} \div 4$의 몫을 구합니다.

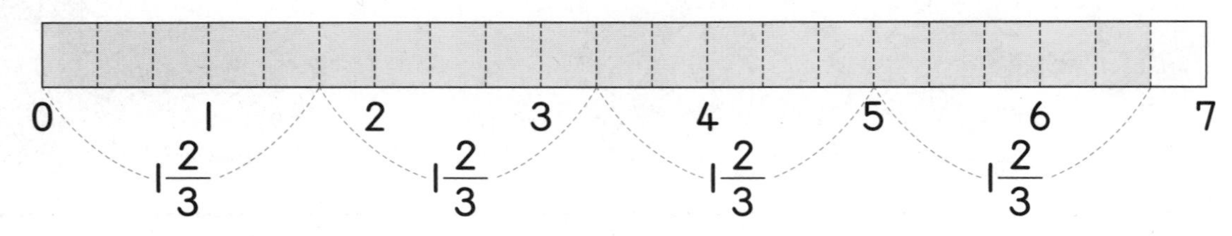

$6\frac{2}{3}$를 똑같이 넷으로 나누면 나눈 한 칸의 크기는 $1\frac{2}{3}$입니다.

➡ $6\frac{2}{3} \div 4 = 1\frac{2}{3}$

$6\frac{2}{3} \div 4 = 1\frac{2}{3}$이므로 페인트 한 통으로 칠한 벽면의 넓이는 $1\frac{2}{3}$ m^2예요.

일차	1일 학습	2일 학습	3일 학습	4일 학습	5일 학습
공부할 날	월 일	월 일	월 일	월 일	월 일

(대분수)÷(자연수)

• $2\frac{2}{7}\div4$의 계산

> 가분수의 분자가 자연수의 배수인 경우 가분수의 분자를 자연수로 나눠요.

방법 1 **분자를 자연수로 나누어 계산하기**

$$2\frac{2}{7}\div4=\frac{16}{7}\div4=\frac{16\div4}{7}=\frac{4}{7}$$

방법 2 **분수의 곱셈으로 나타내어 계산하기**

$$2\frac{2}{7}\div4=\frac{16}{7}\div4=\frac{16}{7}\times\frac{1}{4}=\frac{16}{28}\left(=\frac{4}{7}\right)$$

• $1\frac{2}{5}\div3$의 계산

방법 1 **분자를 자연수로 나눌 수 있도록 크기가 같은 분수를 만들어 계산하기**

$$1\frac{2}{5}\div3=\frac{7}{5}\div3=\frac{7\times3}{5\times3}\div3=\frac{21\div3}{15}=\frac{7}{15}$$

방법 2 **분수의 곱셈으로 나타내어 계산하기**

$$1\frac{2}{5}\div3=\frac{7}{5}\div3=\frac{7}{5}\times\frac{1}{3}=\frac{7}{15}$$

참고 **계산 결과 확인하기**
자연수의 나눗셈을 확인하는 것과 같은 방법으로 나눈 몫에 나누는 수를 곱하여 나누어지는 수가 되는지 확인합니다.

➡ $\frac{7}{15}\times3=\frac{21}{15}=\frac{7}{5}=1\frac{2}{5}$

개념 쏙쏙 노트

• (대분수)÷(자연수)
대분수를 가분수로 고친 후 (가분수)÷(자연수)와 같은 방법으로 계산합니다.

$$(\text{대분수})\div(\text{자연수})=(\text{가분수})\div(\text{자연수})=(\text{가분수})\times\frac{1}{(\text{자연수})}$$

(분수) ÷ (자연수) (2)

계산해 보세요.

1 $2\frac{1}{2} \div 5$

2 $1\frac{1}{3} \div 4$

3 $3\frac{3}{5} \div 6$

4 $2\frac{2}{7} \div 2$

5 $8\frac{1}{4} \div 3$

6 $1\frac{1}{11} \div 6$

7 $1\frac{2}{7} \div 6$

8 $1\frac{1}{3} \div 6$

9 $1\frac{5}{7} \div 2$

10 $4\frac{4}{5} \div 6$

11 $1\frac{7}{9} \div 4$

12 $7\frac{1}{3} \div 2$

13 $1\frac{2}{5} \div 7$

14 $3\frac{1}{3} \div 5$

15 $2\frac{6}{7} \div 2$

16 $1\frac{1}{6} \div 7$

17 $3\frac{2}{3} \div 11$

18 $6\frac{3}{4} \div 9$

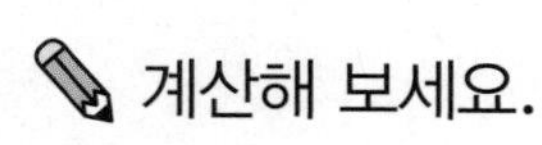
계산해 보세요.

19 $3\frac{4}{7} \div 5$

20 $1\frac{1}{5} \div 2$

21 $1\frac{1}{2} \div 6$

22 $1\frac{1}{6} \div 7$

23 $2\frac{5}{8} \div 3$

24 $2\frac{9}{13} \div 2$

25 $1\frac{5}{9} \div 2$

26 $1\frac{3}{11} \div 2$

27 $1\frac{11}{31} \div 3$

28 $1\frac{1}{15} \div 8$

29 $3\frac{5}{9} \div 8$

30 $1\frac{17}{22} \div 3$

31 $1\frac{1}{19} \div 4$

32 $3\frac{3}{4} \div 5$

33 $3\frac{5}{7} \div 3$

34 $1\frac{1}{3} \div 6$

35 $9\frac{3}{5} \div 8$

36 $5\frac{3}{4} \div 2$

2일 반복

(분수) ÷ (자연수) (2)

계산해 보세요.

1 $1\frac{5}{7} \div 2$

2 $2\frac{4}{5} \div 2$

3 $3\frac{1}{3} \div 5$

4 $2\frac{1}{2} \div 3$

5 $1\frac{1}{4} \div 5$

6 $2\frac{1}{3} \div 7$

7 $1\frac{7}{11} \div 9$

8 $2\frac{9}{13} \div 5$

9 $2\frac{4}{7} \div 4$

10 $1\frac{4}{15} \div 19$

11 $1\frac{5}{7} \div 2$

12 $8\frac{2}{5} \div 7$

13 $2\frac{1}{4} \div 3$

14 $2\frac{1}{3} \div 7$

15 $4\frac{2}{3} \div 2$

16 $10\frac{1}{2} \div 3$

17 $1\frac{1}{5} \div 3$

18 $1\frac{1}{6} \div 7$

2주

계산해 보세요.

19 $1\frac{1}{2} \div 2$

20 $5\frac{5}{7} \div 2$

21 $1\frac{9}{13} \div 2$

22 $1\frac{4}{7} \div 3$

23 $1\frac{1}{4} \div 5$

24 $8\frac{2}{3} \div 2$

25 $4\frac{1}{2} \div 3$

26 $1\frac{1}{3} \div 2$

27 $4\frac{2}{3} \div 2$

28 $3\frac{1}{3} \div 4$

29 $1\frac{1}{7} \div 4$

30 $1\frac{1}{3} \div 3$

31 $1\frac{7}{11} \div 2$

32 $1\frac{3}{13} \div 8$

33 $6\frac{1}{4} \div 5$

34 $3\frac{2}{3} \div 2$

35 $2\frac{2}{3} \div 4$

36 $6\frac{2}{9} \div 8$

스스로 평가

3 반복 일

(분수) ÷ (자연수) (2)

계산해 보세요.

1 $1\frac{1}{4} \div 5$

2 $1\frac{2}{5} \div 7$

3 $2\frac{2}{3} \div 4$

4 $1\frac{2}{3} \div 2$

5 $2\frac{1}{4} \div 3$

6 $1\frac{1}{7} \div 4$

7 $1\frac{7}{9} \div 8$

8 $3\frac{1}{3} \div 2$

9 $2\frac{2}{11} \div 2$

10 $1\frac{11}{23} \div 2$

11 $5\frac{1}{4} \div 3$

12 $3\frac{3}{5} \div 6$

13 $4\frac{2}{9} \div 2$

14 $1\frac{1}{13} \div 7$

15 $2\frac{6}{17} \div 5$

16 $1\frac{3}{7} \div 3$

17 $6\frac{2}{5} \div 3$

18 $1\frac{4}{13} \div 2$

계산해 보세요.

19 $1\frac{2}{7} \div 3$

20 $2\frac{1}{4} \div 9$

21 $4\frac{1}{5} \div 7$

22 $6\frac{6}{7} \div 6$

23 $7\frac{2}{9} \div 5$

24 $5\frac{1}{7} \div 2$

25 $1\frac{4}{7} \div 3$

26 $1\frac{2}{13} \div 3$

27 $2\frac{11}{20} \div 3$

28 $1\frac{9}{17} \div 2$

29 $6\frac{2}{3} \div 8$

30 $2\frac{1}{2} \div 10$

31 $8\frac{5}{9} \div 11$

32 $2\frac{5}{11} \div 3$

33 $1\frac{6}{11} \div 17$

34 $6\frac{3}{4} \div 3$

35 $4\frac{1}{2} \div 15$

36 $1\frac{1}{7} \div 2$

스스로 평가

(분수) ÷ (자연수) (2)

계산해 보세요.

1 $2\frac{1}{4} \div 9$

2 $1\frac{1}{5} \div 3$

3 $1\frac{1}{6} \div 7$

4 $2\frac{1}{7} \div 5$

5 $2\frac{1}{10} \div 3$

6 $1\frac{3}{11} \div 7$

7 $1\frac{1}{14} \div 5$

8 $7\frac{7}{8} \div 18$

9 $2\frac{2}{5} \div 6$

10 $9\frac{1}{3} \div 7$

11 $2\frac{2}{9} \div 5$

12 $2\frac{2}{5} \div 4$

13 $3\frac{3}{11} \div 3$

14 $1\frac{7}{13} \div 4$

15 $1\frac{1}{17} \div 9$

16 $1\frac{7}{19} \div 2$

17 $2\frac{2}{21} \div 4$

18 $4\frac{7}{8} \div 3$

계산해 보세요.

19 $10\frac{1}{2} \div 15$

20 $13\frac{3}{4} \div 25$

21 $6\frac{2}{3} \div 8$

22 $1\frac{3}{17} \div 2$

23 $5\frac{1}{4} \div 3$

24 $3\frac{3}{7} \div 16$

25 $1\frac{5}{16} \div 2$

26 $9\frac{1}{6} \div 5$

27 $1\frac{9}{19} \div 2$

28 $3\frac{3}{4} \div 25$

29 $1\frac{4}{13} \div 17$

30 $1\frac{1}{11} \div 3$

31 $2\frac{4}{7} \div 9$

32 $1\frac{1}{2} \div 10$

33 $5\frac{5}{8} \div 5$

34 $8\frac{1}{6} \div 14$

35 $6\frac{2}{3} \div 8$

36 $9\frac{7}{8} \div 10$

스스로 평가

5일 응용 (분수) ÷ (자연수) (2)

빈 곳에 알맞은 수를 써넣으세요.

1 ÷

$3\frac{1}{3}$	5	
$8\frac{2}{3}$	4	

2 ÷

$2\frac{1}{4}$	6	
$1\frac{1}{17}$	9	

3 ÷

$1\frac{2}{9}$	11	
$3\frac{3}{7}$	8	

4 ÷

$2\frac{1}{2}$	4	
$2\frac{1}{8}$	9	

5 ÷

$1\frac{2}{7}$	3	
$1\frac{1}{3}$	8	

6 ÷

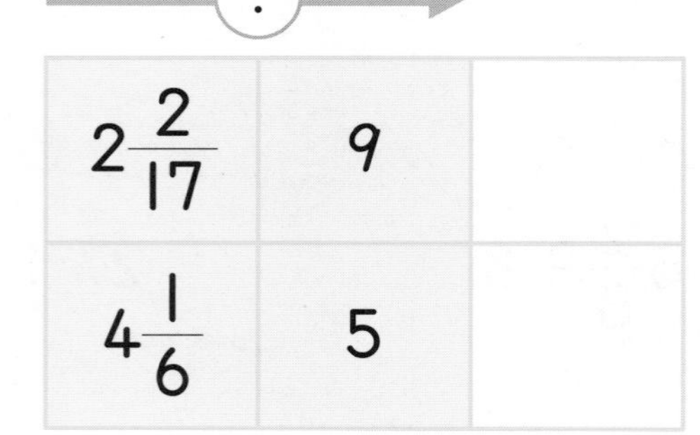

$2\frac{2}{17}$	9	
$4\frac{1}{6}$	5	

7 ÷

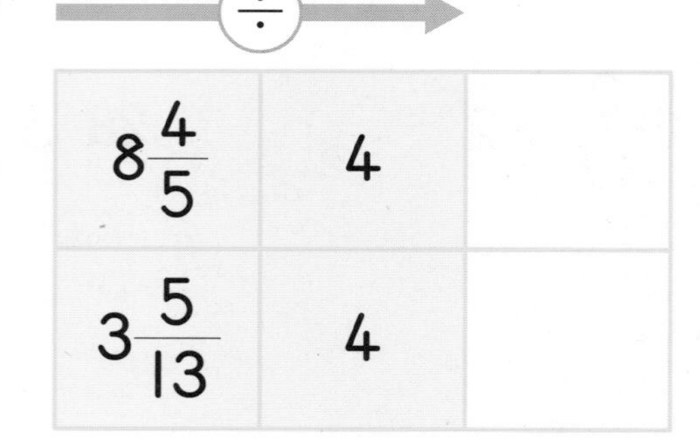

$8\frac{4}{5}$	4	
$3\frac{5}{13}$	4	

8 ÷

$1\frac{5}{9}$	14	
$2\frac{5}{8}$	3	

✎ 화살표를 따라 빈 곳에 알맞은 수를 써넣으세요.

9
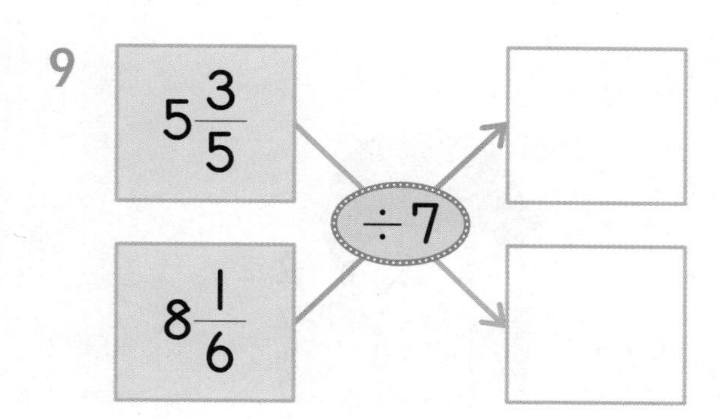

13
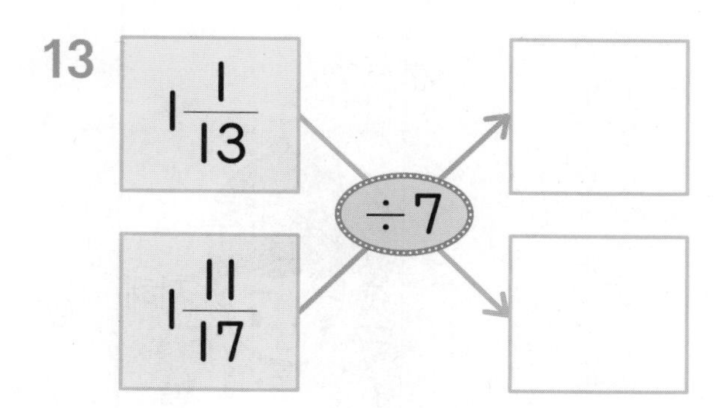

10
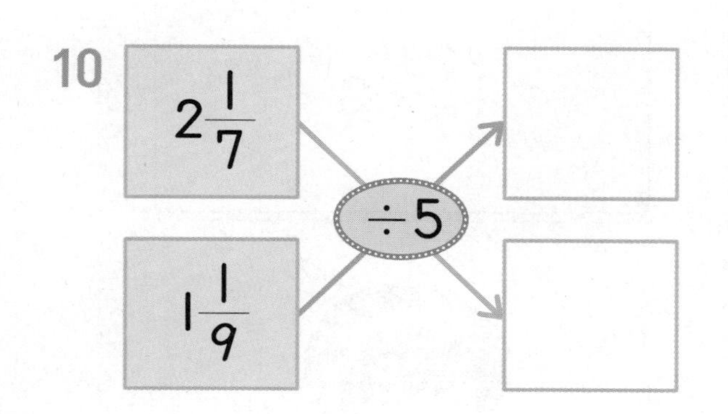

14
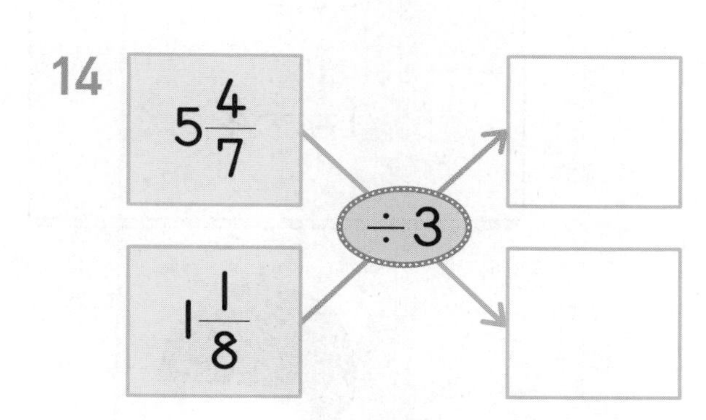

11
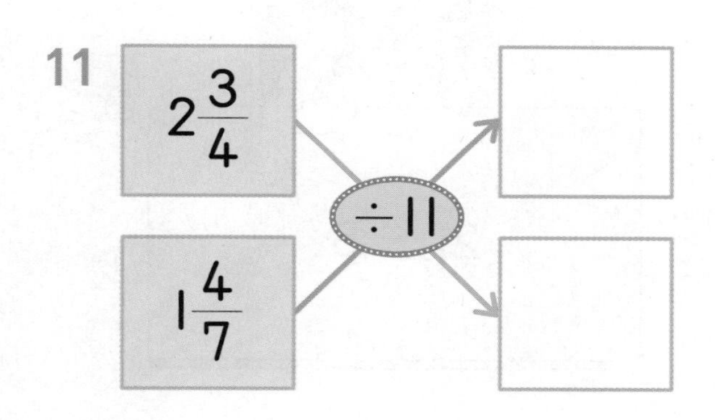

15
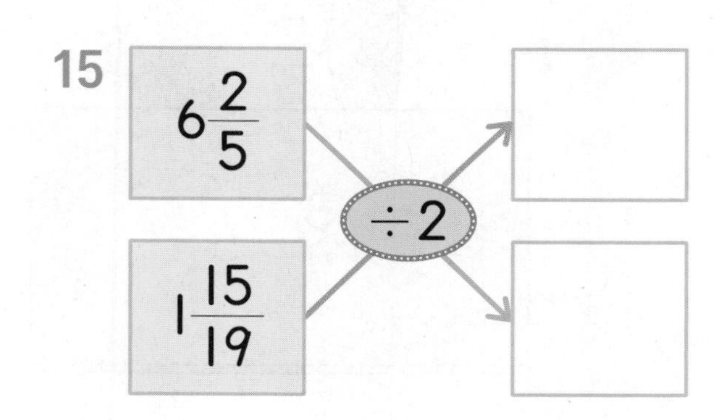

12
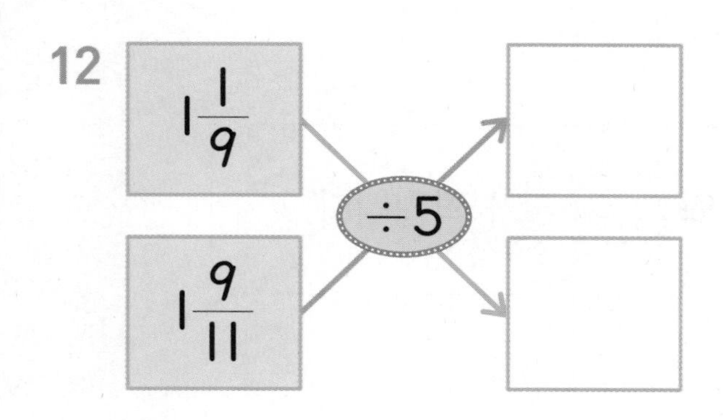

16
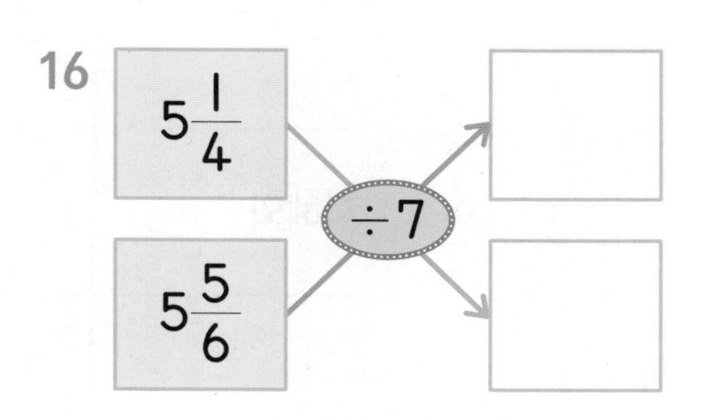

스스로 평가

나눗셈이 쓰여 있는 책상에 학생들이 앉아 있습니다. 계산 결과가 같은 학생끼리 짝을 하기로 했습니다. 짝이 되는 학생을 각각 써 보세요.

지혜와 ☐, ☐와 ☐가 짝입니다.

영우는 분수의 나눗셈을 하며 계산 결과를 따라가 도착한 곳에서 보물 상자를 찾았습니다. 영우가 찾은 보물 상자에 ○표 하세요.

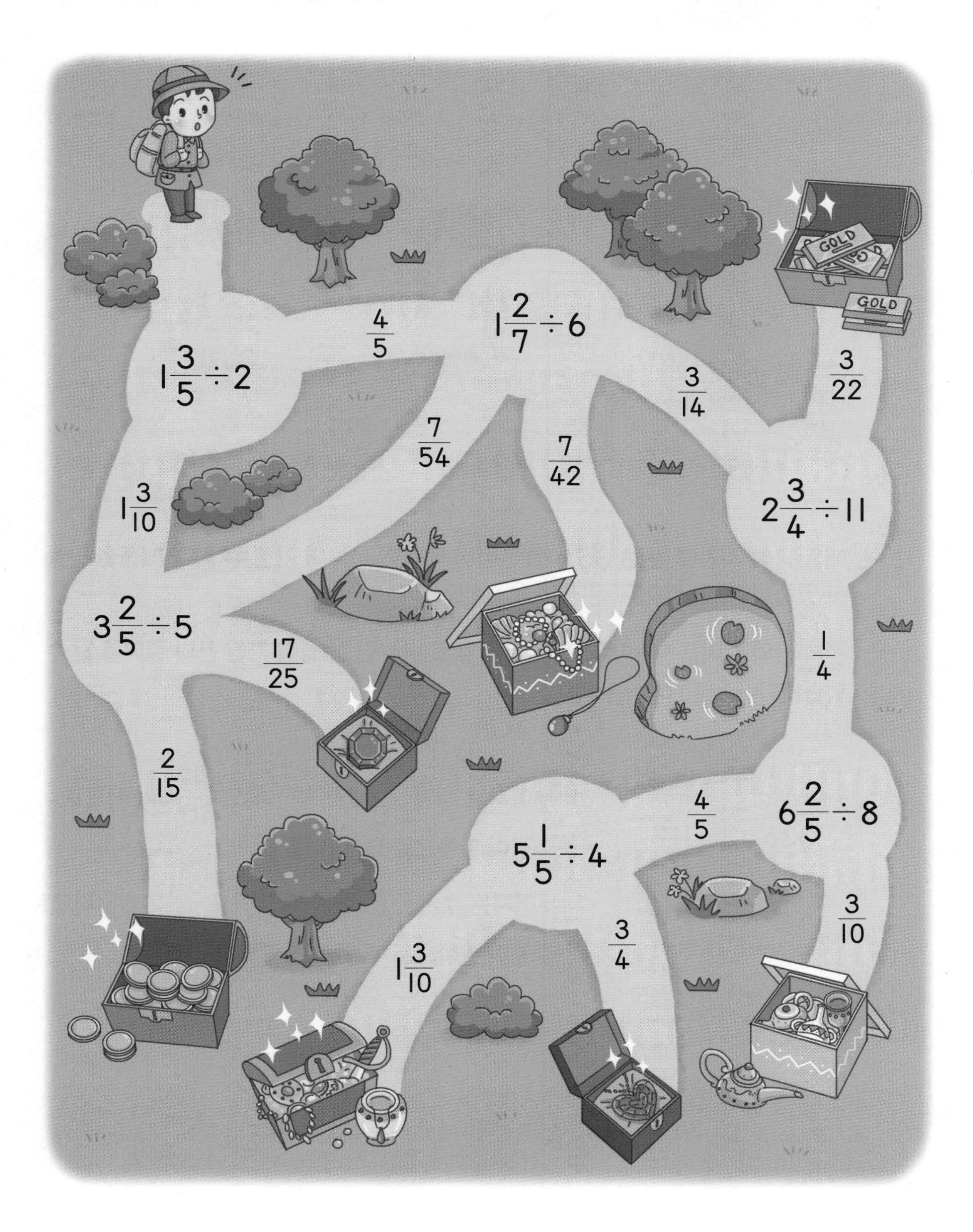

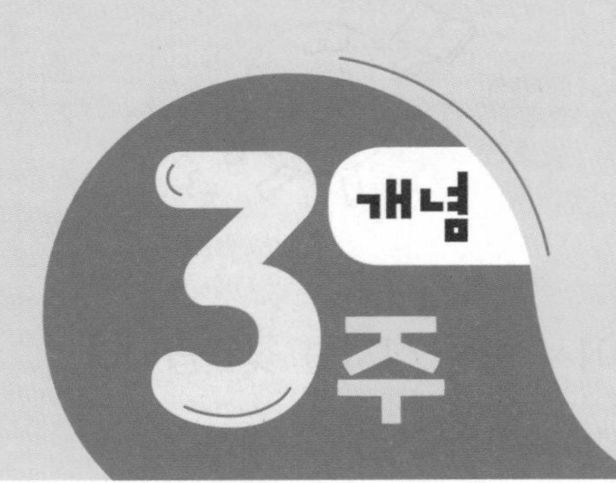

(소수) ÷ (자연수) (1)

매듭 공예 시간에 끈 3.36 m를 3명이 똑같이 나누어 가진 후 각자 매듭을 만들고 있습니다. 한 명이 가진 끈은 몇 m인가요?

전체 끈의 길이를 나누어 가진 사람의 수로 나누면 한 명이 가진 끈의 길이를 알 수 있습니다. ➡ 3.36÷3

336÷3=112
33.6÷3=11.2
3.36÷3=1.12

- 나누어지는 수가 $\frac{1}{10}$배가 되면 몫도 $\frac{1}{10}$배가 되므로 소수점이 왼쪽으로 한 칸 이동합니다.
- 나누어지는 수가 $\frac{1}{100}$배가 되면 몫도 $\frac{1}{100}$배가 되므로 소수점이 왼쪽으로 두 칸 이동합니다.

3.36÷3=1.12이므로 한 명이 가진 끈의 길이는 1.12 m예요.

일차	1일 학습	2일 학습	3일 학습	4일 학습	5일 학습
공부할 날	월 일	월 일	월 일	월 일	월 일

(소수)÷(자연수)

- 24.84÷6 계산하기

방법 1 분수의 나눗셈으로 바꾸어 계산하기

$$24.84 \div 6 = \frac{2484}{100} \div 6 = \frac{2484 \div 6}{100} = \frac{414}{100} = 4.14$$

방법 2 자연수의 나눗셈을 이용하여 계산하기

$\frac{1}{100}$배

$$2484 \div 6 = 414 \Rightarrow 24.84 \div 6 = 4.14$$

$\frac{1}{100}$배

방법 3 세로로 계산하기

```
       4 1 4              4.1 4
  6 ) 2 4 8 4    ➡    6 ) 2 4.8 4
      2 4                 2 4
      -----               -----
          8                   8
          6                   6
      -----               -----
          2 4                 2 4
          2 4                 2 4
      -----               -----
            0                   0
```

몫의 소수점은 나누어지는 수의 소수점 위치에 맞춰 올려 찍어요.

개념 쏙쏙 노트

- (소수)÷(자연수)

자연수의 나눗셈과 같은 방법으로 구한 뒤, 나누어지는 수의 소수점 위치에 맞춰 계산 결과에 소수점을 찍습니다.

(소수) ÷ (자연수) (1)

계산해 보세요.

1 $5\overline{)36.5}$

2 $7\overline{)24.64}$

3 $3\overline{)14.85}$

4 $3\overline{)19.2}$

5 $6\overline{)54.78}$

6

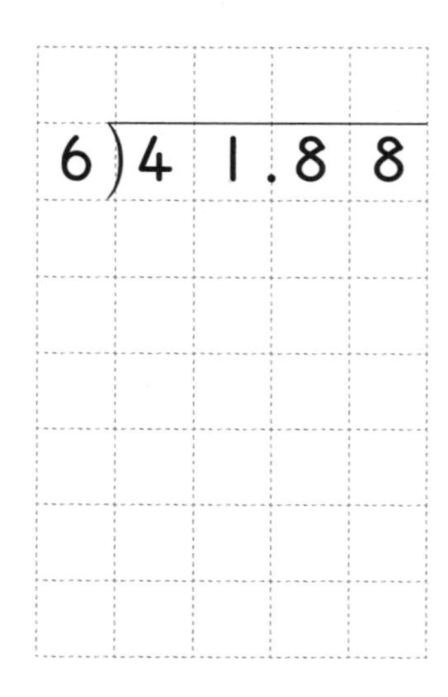

7

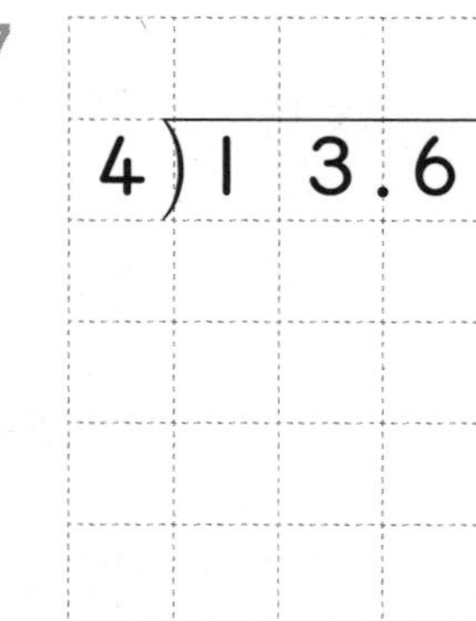

8

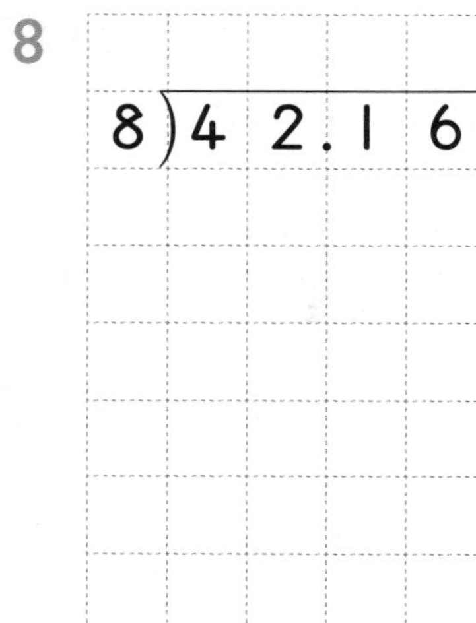

9

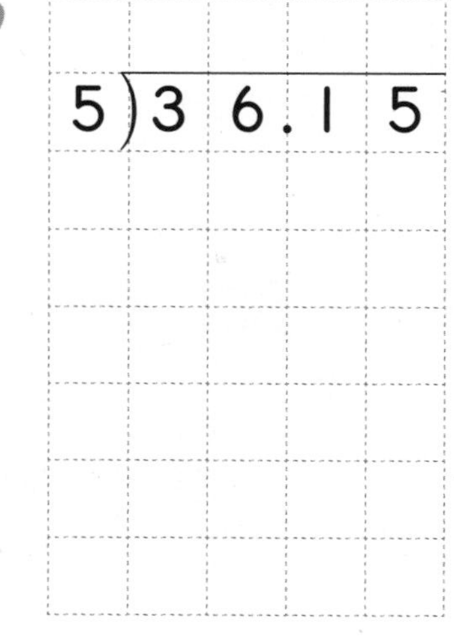

 계산해 보세요.

10

$3\overline{)41.1}$

11

$3\overline{)50.19}$

12

$6\overline{)52.26}$

13

$3\overline{)82.38}$

14

$6\overline{)115.2}$

15

$6\overline{)39.24}$

16

$3\overline{)17.01}$

17

$4\overline{)78.84}$

18

$8\overline{)63.2}$

스스로 평가

2일 반복

(소수) ÷ (자연수) (1)

계산해 보세요.

1 $2\overline{)17.4}$

4 $3\overline{)29.1}$

7 $7\overline{)36.4}$

2 $9\overline{)89.82}$

5 $6\overline{)38.52}$

8 $7\overline{)33.74}$

3 $6\overline{)20.82}$

6 $4\overline{)27.04}$

9 $5\overline{)39.75}$

 계산해 보세요.

10
$2\overline{)23.4}$

13
$9\overline{)22.5}$

16
$3\overline{)33.75}$

11
$3\overline{)38.1}$

14
$9\overline{)118.8}$

17
$4\overline{)55.12}$

12
$4\overline{)26.8}$

15
$4\overline{)79.2}$

18
$4\overline{)85.72}$

스스로 평가

3일 반복

(소수) ÷ (자연수) (1)

 계산해 보세요.

1 $13.2 \div 4$

2 $28.08 \div 6$

3 $66.42 \div 9$

4 $16.4 \div 4$

5 $62.96 \div 8$

6 $42.95 \div 5$

7 $16.2 \div 3$

8 $39.12 \div 4$

9 $19.62 \div 3$

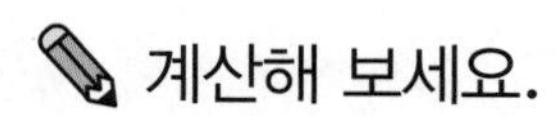
계산해 보세요.

10 $26.4 \div 6$

11 $40.2 \div 6$

12 $64.14 \div 3$

13 $43.6 \div 2$

14 $22.68 \div 3$

15 $26.28 \div 9$

16 $70.2 \div 3$

17 $16.85 \div 5$

18 $32.8 \div 4$

19 $24.5 \div 7$

20 $38.4 \div 6$

21 $38.88 \div 9$

22 $34.08 \div 6$

23 $53.6 \div 8$

24 $6.36 \div 4$

25 $106.19 \div 7$

26 $28.5 \div 5$

27 $73.68 \div 3$

(소수) ÷ (자연수) (1)

계산해 보세요.

1 21.3÷3

2 25.35÷3

3 17.85÷5

4 74.4÷8

5 38.68÷4

6 41.04÷6

7 22.4÷4

8 50.96÷7

9 86.31÷9

✎ 계산해 보세요.

10 $8.1 \div 3$

16 $24.5 \div 5$

22 $37.29 \div 3$

11 $20.5 \div 5$

17 $88.2 \div 6$

23 $14.1 \div 3$

12 $29.4 \div 3$

18 $10.74 \div 3$

24 $77.72 \div 4$

13 $30.52 \div 4$

19 $18.56 \div 4$

25 $106.8 \div 6$

14 $68.5 \div 5$

20 $62.1 \div 9$

26 $118.95 \div 5$

15 $28.74 \div 6$

21 $33.81 \div 3$

27 $93.75 \div 3$

스스로 평가

(소수) ÷ (자연수) (1)

빈 곳에 알맞은 수를 써넣으세요.

1 ÷

10.5	3	

2 ÷

25.6	4	

3 ÷

58.88	8	

4 ÷

34.32	6	

5 ÷

52.2	3	

6 ÷

20.34	3	

7 ÷

28.96	4	

8 ÷

19.5	5	

9 ÷

51.8	7	

10 ÷

69.12	4	

빈 곳에 알맞은 수를 써넣으세요.

11 | 8.2 | ÷2 | |

16 | 9.26 | ÷2 | |

12 | 20.1 | ÷3 | |

17 | 45.6 | ÷8 | |

13 | 24.22 | ÷7 | |

18 | 49.62 | ÷6 | |

14 | 44.8 | ÷4 | |

19 | 46.5 | ÷5 | |

15 | 48.42 | ÷9 | |

20 | 51.75 | ÷3 | |

스스로 평가

관계있는 것끼리 선으로 이어 보세요.

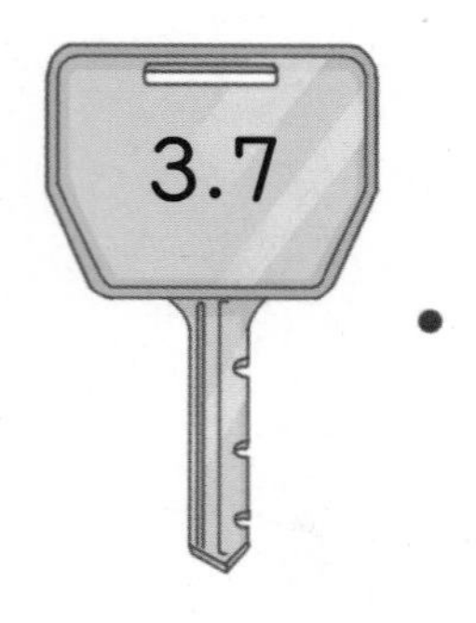

나눗셈의 몫을 그림에서 찾아 색칠해 보세요.

(소수) ÷ (자연수) (2)

황토 염색을 위해 황토 1.26 kg을 2모둠에 똑같이 나누어 주려고 합니다. 한 모둠에 황토를 몇 kg씩 주어야 하나요?

전체 황토의 무게를 나누어 줄 모둠의 수로 나누면 한 모둠에 나누어 줄 황토의 무게를 알 수 있습니다. ➡ 1.26÷2

1.26은 126의 $\frac{1}{100}$이므로 126÷2의 몫을 $\frac{1}{100}$배하면 한 모둠에 나누어 줄 황토의 무게를 구할 수 있습니다.

$\frac{1}{100}$배

126÷2=63 ➡ 1.26÷2=0.63

$\frac{1}{100}$배

1.26÷2=0.63이므로 한 모둠에 나누어 줄 황토는 0.63 kg이에요.

일차	1일 학습	2일 학습	3일 학습	4일 학습	5일 학습
공부할 날	월 일	월 일	월 일	월 일	월 일

(소수)÷(자연수)

• 5.92÷8 계산하기

방법 1 분수의 나눗셈으로 바꾸어 계산하기

$$5.92 \div 8 = \frac{592}{100} \div 8 = \frac{592 \div 8}{100} = \frac{74}{100} = 0.74$$

방법 2 자연수의 나눗셈을 이용하여 계산하기

$$592 \div 8 = 74 \Rightarrow 5.92 \div 8 = 0.74$$

($\frac{1}{100}$배, $\frac{1}{100}$배)

방법 3 세로로 계산하기

		7	4
8)	5	9	2
	5	6	
		3	2
		3	2
			0

➡

	0	. 7	4
8)	5	. 9	2
	5	6	
		3	2
		3	2
			0

나누는 수가 나누어지는 수보다 더 크면 몫의 자연수 부분은 0이 돼요.

➡ 5를 8로 나눌 수 없으므로 몫의 일의 자리에 0을 쓰고 소수점은 나누어지는 수의 소수점 위치에 맞춰 올려 찍어요.

개념 쏙쏙 노트

• (소수)÷(자연수)
나누는 수가 나누어지는 수보다 더 크면 몫은 1보다 작습니다.

(소수) ÷ (자연수) (2)

계산해 보세요.

1
$3\overline{)1.26}$

4
$6\overline{)1.14}$

7
$3\overline{)1.11}$

2
$3\overline{)1.35}$

5
$3\overline{)2.73}$

8
$3\overline{)2.34}$

3
$2\overline{)1.38}$

6
$4\overline{)2.16}$

9
$4\overline{)1.88}$

 계산해 보세요.

10
$7\overline{)1.47}$

14
$3\overline{)1.89}$

18
$6\overline{)5.52}$

11
$3\overline{)2.61}$

15
$7\overline{)1.19}$

19
$3\overline{)1.17}$

12
$4\overline{)2.56}$

16
$6\overline{)2.88}$

20
$7\overline{)1.33}$

13
$4\overline{)1.12}$

17
$7\overline{)5.32}$

21
$6\overline{)5.04}$

스스로 평가

(소수) ÷ (자연수) (2)

계산해 보세요.

1 $6\overline{)2.34}$

2 $3\overline{)2.85}$

3 $6\overline{)5.22}$

4 $8\overline{)2.24}$

5 $5\overline{)1.85}$

6 $7\overline{)4.97}$

7 $3\overline{)1.41}$

8 $4\overline{)2.68}$

9 $6\overline{)2.46}$

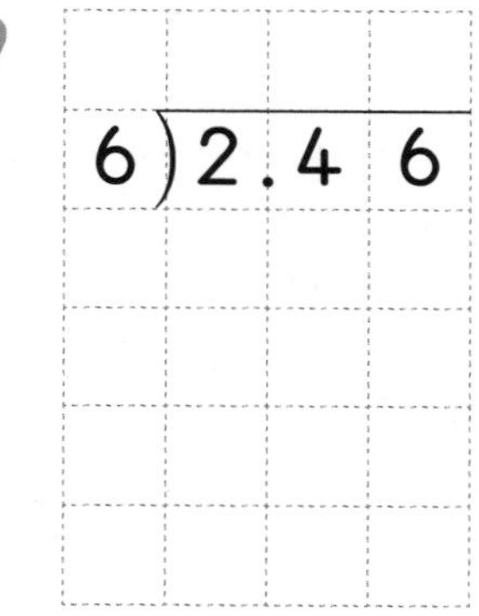

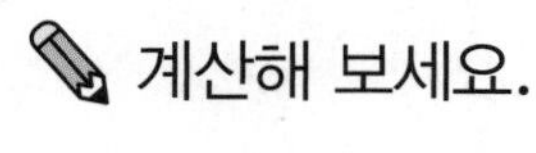

계산해 보세요.

10
$6\overline{)3.66}$

14
$7\overline{)1.68}$

18
$5\overline{)2.75}$

11
$4\overline{)1.36}$

15
$8\overline{)1.04}$

19
$6\overline{)4.02}$

12
$3\overline{)2.76}$

16
$7\overline{)6.23}$

20
$3\overline{)2.67}$

13
$9\overline{)3.78}$

17
$6\overline{)4.68}$

21
$5\overline{)3.15}$

스스로 평가

3일 반복

(소수) ÷ (자연수) (2)

계산해 보세요.

1 $1.24 \div 4$

4 $1.89 \div 3$

7 $8.28 \div 9$

2 $2.96 \div 8$

5 $5.04 \div 7$

8 $3.06 \div 6$

3 $1.45 \div 5$

6 $1.44 \div 3$

9 $3.45 \div 5$

✎ 계산해 보세요.

10 $3.84 \div 6$

16 $3.43 \div 7$

22 $3.85 \div 7$

11 $1.71 \div 3$

17 $3.24 \div 6$

23 $1.92 \div 4$

12 $2.25 \div 5$

18 $2.22 \div 6$

24 $2.58 \div 6$

13 $5.58 \div 6$

19 $7.52 \div 8$

25 $1.61 \div 7$

14 $2.58 \div 3$

20 $6.09 \div 7$

26 $5.76 \div 6$

15 $1.95 \div 5$

21 $6.84 \div 9$

27 $7.83 \div 9$

(소수) ÷ (자연수) (2)

계산해 보세요.

1 $3.25 \div 5$

2 $1.68 \div 3$

3 $1.72 \div 4$

4 $3.78 \div 6$

5 $2.85 \div 5$

6 $2.52 \div 6$

7 $2.73 \div 7$

8 $7.36 \div 8$

9 $5.39 \div 7$

4주

계산해 보세요.

10 $1.25 \div 5$

16 $3.51 \div 9$

22 $4.62 \div 6$

11 $1.85 \div 5$

17 $3.92 \div 7$

23 $4.25 \div 5$

12 $2.94 \div 6$

18 $2.82 \div 6$

24 $2.43 \div 9$

13 $1.92 \div 3$

19 $2.32 \div 4$

25 $2.16 \div 8$

14 $5.11 \div 7$

20 $8.37 \div 9$

26 $2.72 \div 4$

15 $6.56 \div 8$

21 $7.04 \div 8$

27 $8.82 \div 9$

스스로 평가

(소수) ÷ (자연수) (2)

빈 곳에 알맞은 수를 써넣으세요.

1
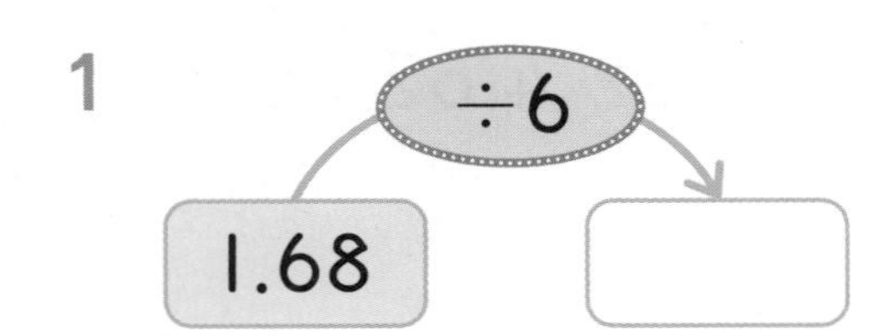

2
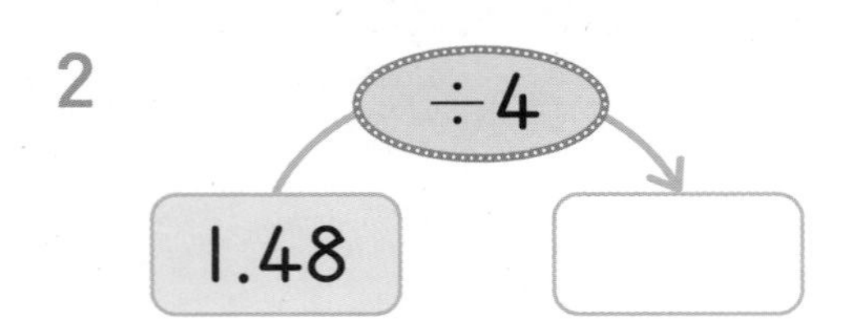

3
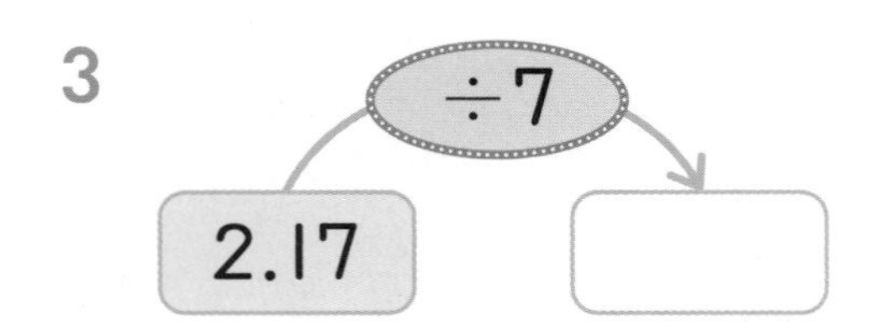

4
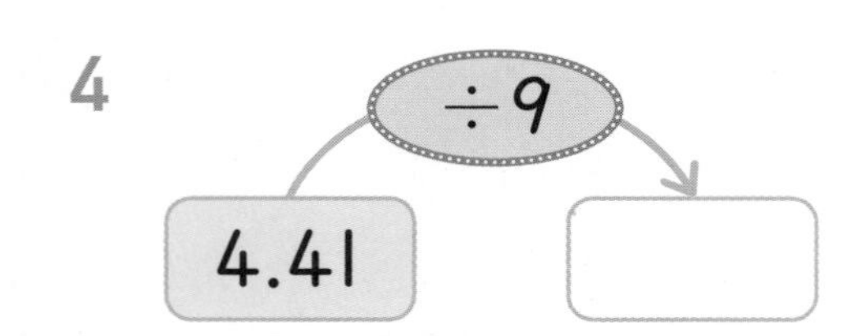

5
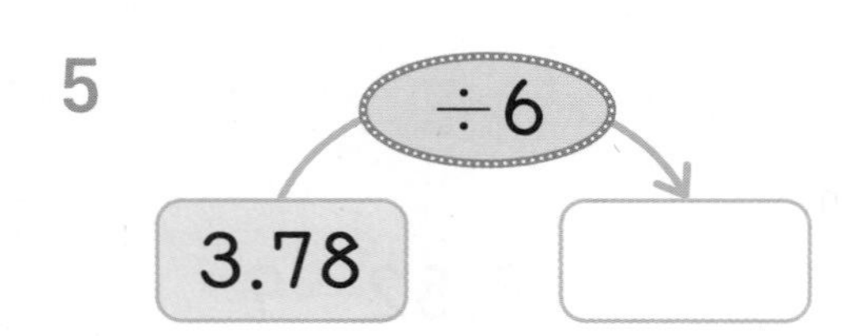

6
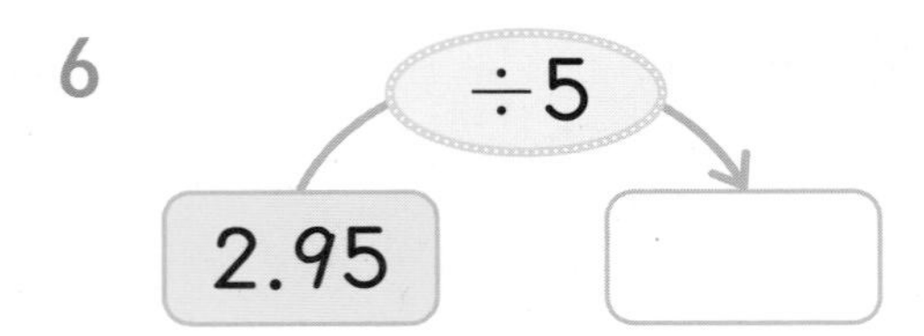

7
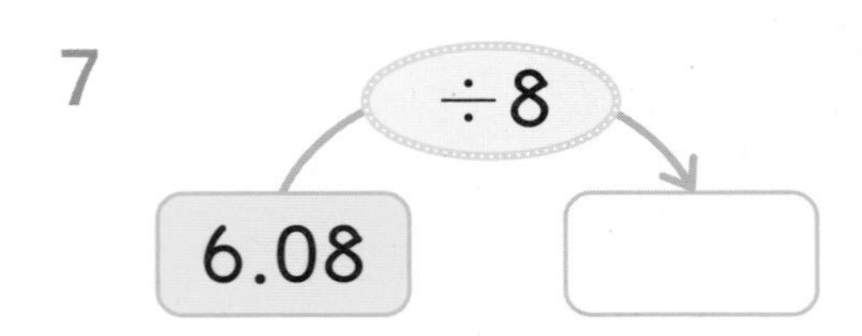

8
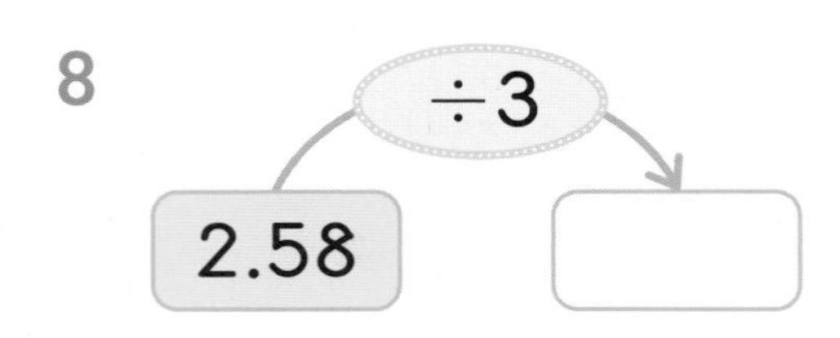

9
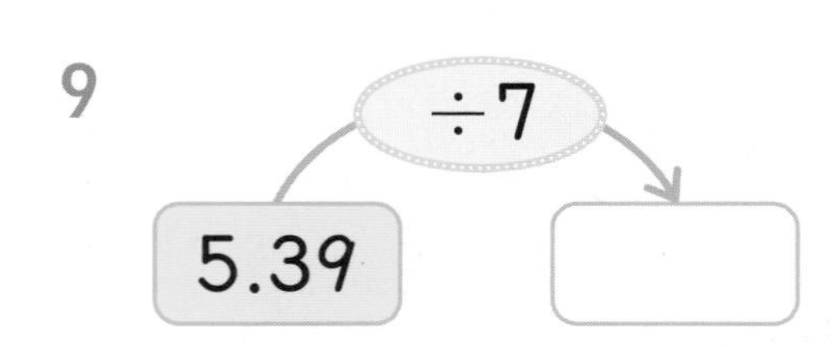

10
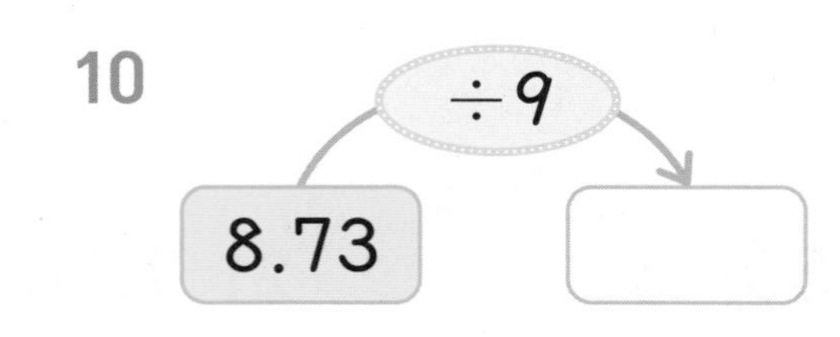

빈 곳에 알맞은 수를 써넣으세요.

11
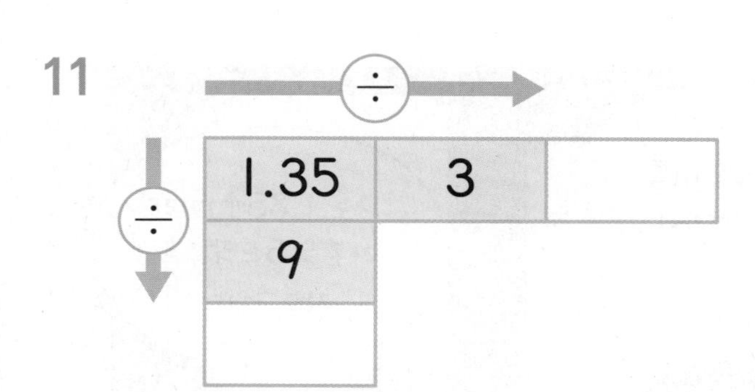

12
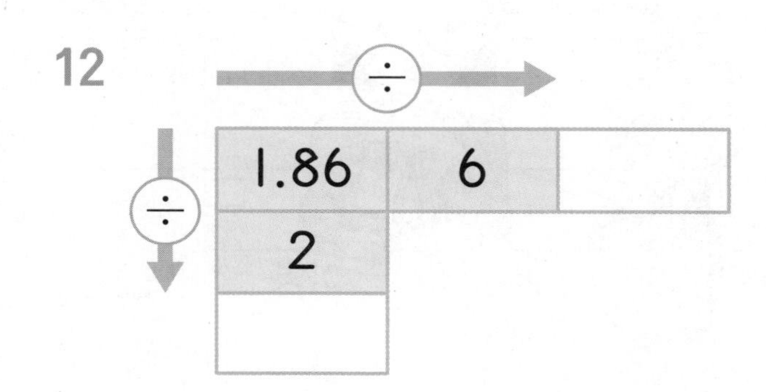

13
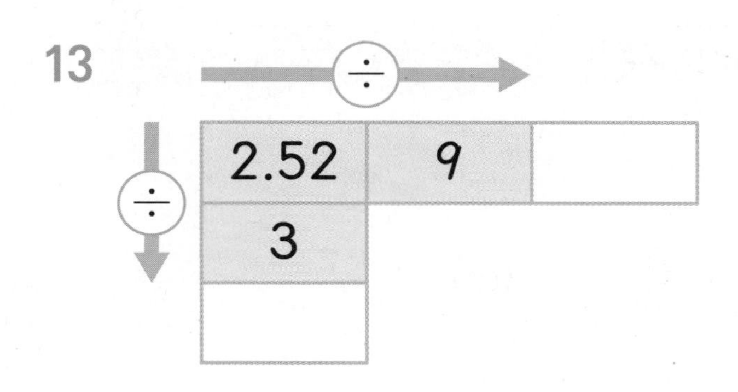

14
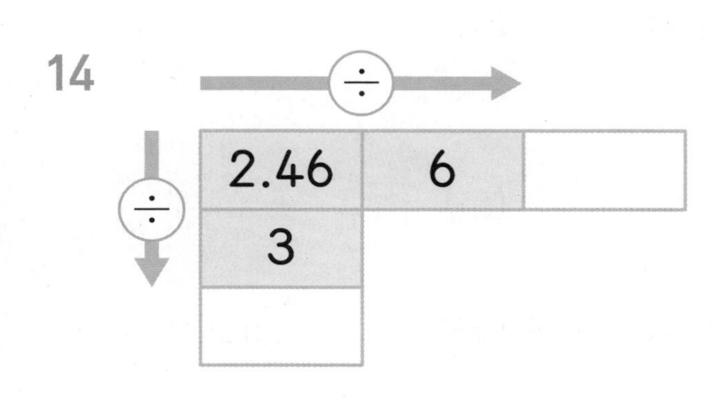

15
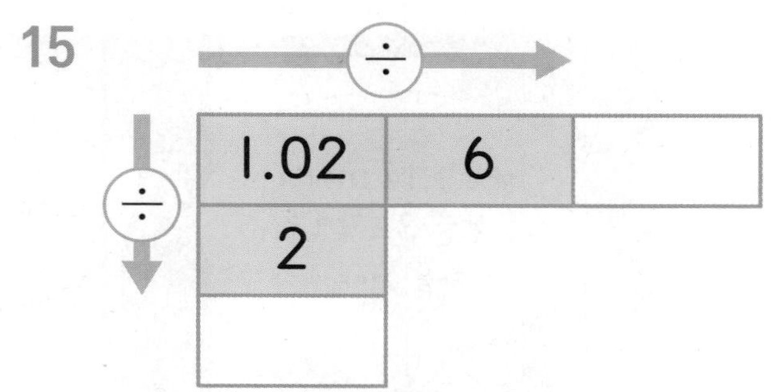

16
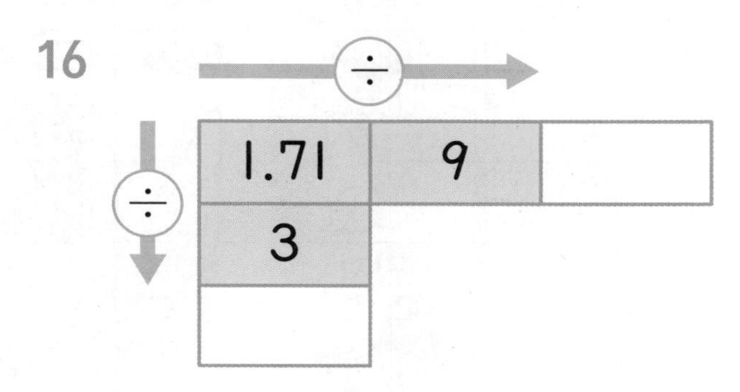

17
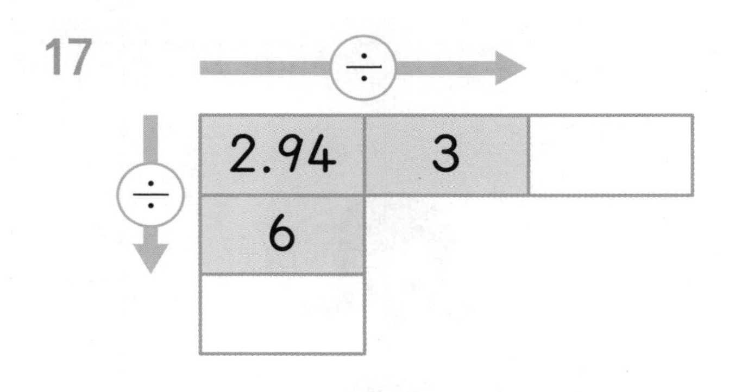

18
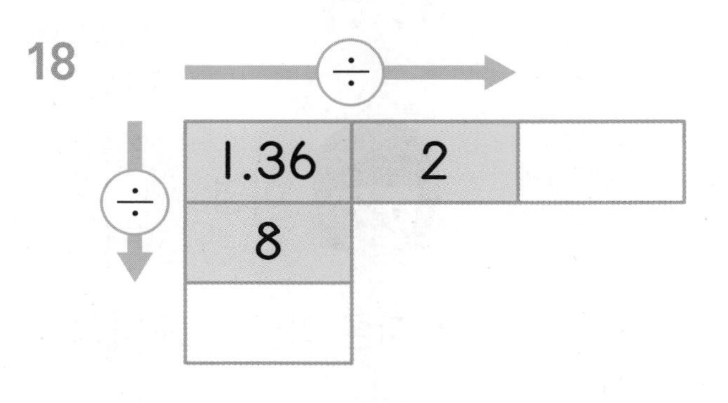

스스로 평가

민지, 지훈, 아영이는 각자 가지고 있는 리본을 똑같은 길이로 자르려고 합니다. 각 친구들이 자른 리본 한 도막의 길이를 구하고, 길이가 가장 긴 사람의 이름을 써 보세요.

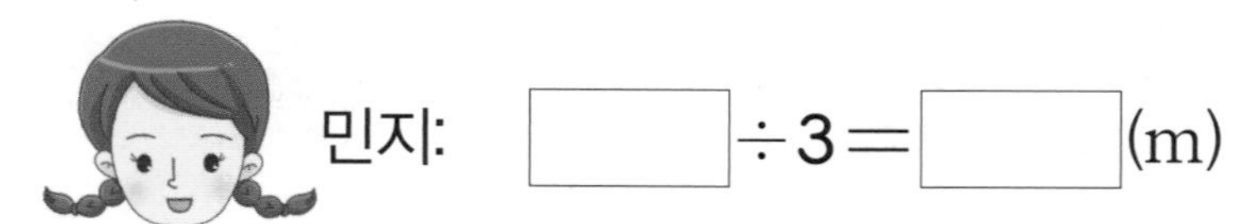
민지: $\square \div 3 = \square$ (m)

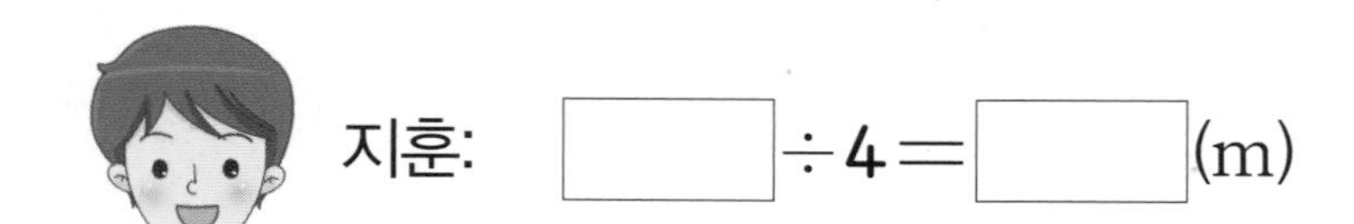
지훈: $\square \div 4 = \square$ (m)

아영: $\square \div 5 = \square$ (m)

➡ 자른 리본 한 도막의 길이가 가장 긴 사람은 $\square$ 입니다.

사다리를 타고 내려간 곳에 계산 결과를 써넣으세요.

(소수) ÷ (자연수) (3)

천 $2.7\,\mathrm{m}$를 두 사람이 똑같이 나누어 가지려고 합니다. 한 사람이 천을 몇 m 가질 수 있나요?

전체 천의 길이를 나누어 줄 사람의 수로 나누면 한 사람이 가질 수 있는 천의 길이를 알 수 있습니다. ➡ $2.7 \div 2$

천의 길이를 분모가 10인 분수로 나타내어 계산합니다.

$$2.7 \div 2 = \frac{27}{10} \div 2$$ ← 나누어떨어지지 않습니다.

천의 길이를 분모가 100인 분수로 나타내어 계산합니다.

$$2.7 \div 2 = \frac{270}{100} \div 2 = \frac{270 \div 2}{100} = \frac{135}{100} = 1.35$$

$2.7 \div 2 = 1.35$이므로 한 사람이 천을 $1.35\,\mathrm{m}$ 가질 수 있어요.

일차	1일 학습	2일 학습	3일 학습	4일 학습	5일 학습
공부할 날	월 일	월 일	월 일	월 일	월 일

(소수)÷(자연수) 6.4÷5 계산하기

방법 1 자연수의 나눗셈을 이용하여 계산하기

$$640 \div 5 = 128 \Rightarrow 6.4 \div 5 = 1.28$$

(640 → 6.4: $\frac{1}{100}$배, 128 → 1.28: $\frac{1}{100}$배)

➡ 5로 나누었을 때 나누어떨어지려면 64÷5가 아닌 640÷5의 나눗셈식을 이용해야 합니다.

방법 2 세로로 계산하기

$$\begin{array}{r} 128 \\ 5\overline{)640} \\ 5 \\ \hline 14 \\ 10 \\ \hline 40 \\ 40 \\ \hline 0 \end{array} \Rightarrow \begin{array}{r} 1.28 \\ 5\overline{)6.40} \\ 5 \\ \hline 1\,4 \\ 1\,0 \\ \hline 40 \\ 40 \\ \hline 0 \end{array}$$

➡ 6.4는 5로 나누어떨어지지 않으므로 4 뒤에 0이 있다고 생각하고 0을 내려서 계산합니다. 몫의 소수점은 나누어지는 수의 소수점 위치에 맞춰 올려 찍습니다.

개념 쏙쏙 노트

- (소수)÷(자연수)

세로로 계산할 때 몫이 나누어떨어지지 않으면 나누어지는 수 끝자리에 0이 있다고 생각하고 0을 내려 계산합니다.

(소수) ÷ (자연수) (3)

계산해 보세요.

1 $5\overline{)16.2}$

2 $4\overline{)37.8}$

3 $8\overline{)63.6}$

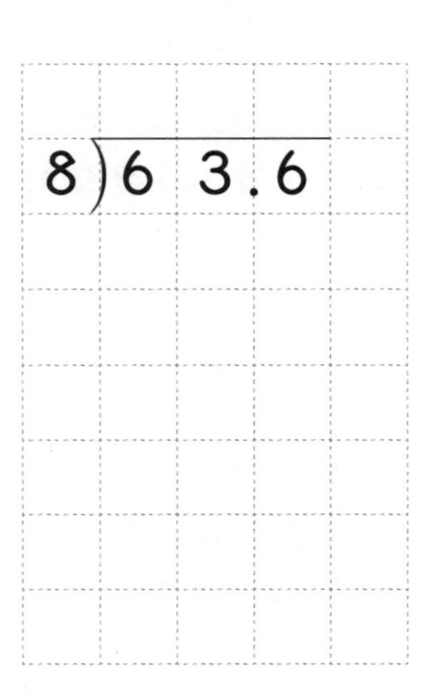

4 $5\overline{)12.4}$

5 $5\overline{)21.3}$

6 $5\overline{)32.8}$

7 $5\overline{)31.1}$

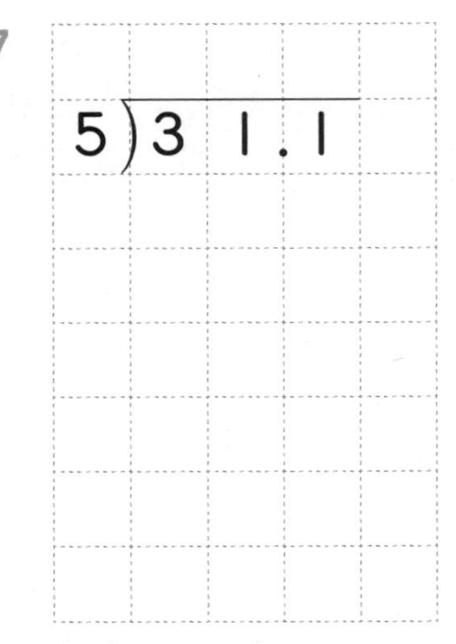

8 $2\overline{)11.1}$

9 $6\overline{)28.5}$

 계산해 보세요.

10
$5\overline{)7.4}$

13
$6\overline{)47.1}$

16
$5\overline{)6.24}$

11
$5\overline{)31.4}$

14
$5\overline{)46.3}$

17
$5\overline{)17.49}$

12
$2\overline{)14.5}$

15
$8\overline{)36.4}$

18
$5\overline{)28.58}$

스스로 평가

2일 반복 (소수) ÷ (자연수) (3)

✎ 계산해 보세요.

1

6)19.5

2

2)13.9

3

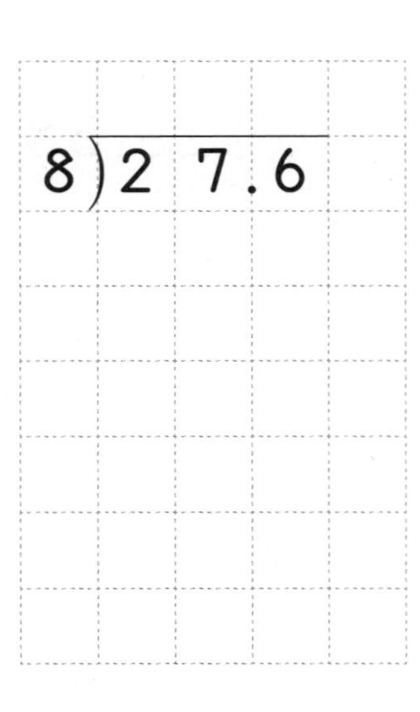

8)27.6

4

5)20.8

5

4)38.2

6

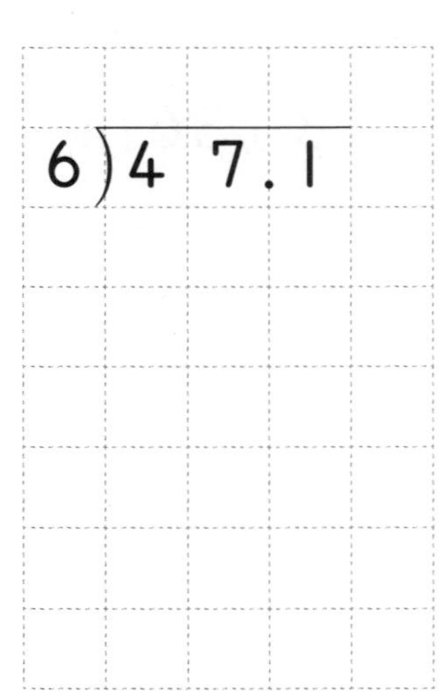

6)47.1

7

8)13.2

8

5)41.7

9

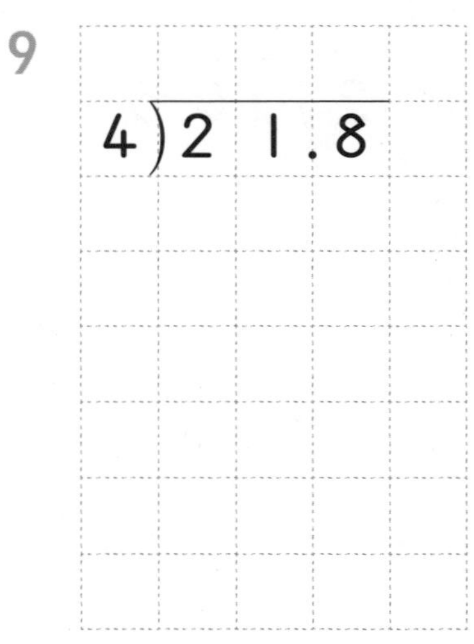

4)21.8

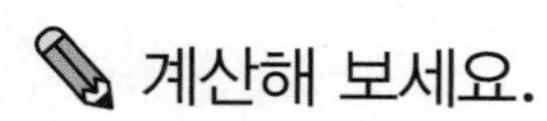
계산해 보세요.

10 $4\overline{)13.4}$

13 $8\overline{)36.4}$

16 $6\overline{)22.29}$

11 $8\overline{)33.8}$

14 $4\overline{)35.8}$

17 $5\overline{)17.2}$

12 $5\overline{)31.4}$

15 $6\overline{)6.75}$

18 $6\overline{)41.55}$

3일 반복 (소수) ÷ (자연수) (3)

계산해 보세요.

1 $2.6 \div 4$

2 $31.1 \div 5$

3 $29.8 \div 4$

4 $5.7 \div 6$

5 $47.6 \div 8$

6 $18.7 \div 2$

7 $1.5 \div 2$

8 $26.4 \div 5$

9 $51.6 \div 8$

계산해 보세요.

10 $1.9 \div 2$

11 $19.47 \div 6$

12 $34.6 \div 4$

13 $73.2 \div 8$

14 $36.4 \div 5$

15 $47.3 \div 5$

16 $3.4 \div 4$

17 $27.6 \div 8$

18 $33.6 \div 5$

19 $17.5 \div 2$

20 $26.37 \div 6$

21 $26.86 \div 4$

22 $49.47 \div 6$

23 $36.98 \div 4$

24 $19.94 \div 5$

25 $31.22 \div 5$

26 $46.36 \div 8$

27 $19.79 \div 2$

스스로 평가

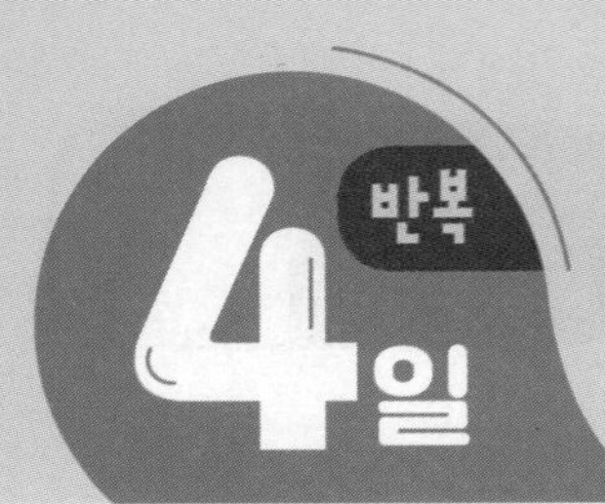

(소수) ÷ (자연수) (3)

계산해 보세요.

1 $3.6 \div 8$

4 $2.1 \div 6$

7 $4.6 \div 5$

2 $32.6 \div 4$

5 $17.3 \div 2$

8 $56.7 \div 6$

3 $19.6 \div 5$

6 $57.2 \div 8$

9 $23.4 \div 4$

계산해 보세요.

10 $1.4 \div 4$

11 $21.2 \div 8$

12 $8.3 \div 2$

13 $29.7 \div 6$

14 $6.4 \div 5$

15 $60.4 \div 8$

16 $53.7 \div 6$

17 $3.6 \div 5$

18 $29.4 \div 4$

19 $4.75 \div 2$

20 $31.32 \div 8$

21 $21.22 \div 5$

22 $27.7 \div 4$

23 $19.74 \div 5$

24 $47.32 \div 8$

25 $38.91 \div 6$

26 $27.48 \div 8$

27 $39.06 \div 4$

(소수) ÷ (자연수) (3)

□ 안에 알맞은 수를 써넣으세요.

1 4.3 → ÷5 → □

2 20.7 → ÷6 → □

3 12.5 → ÷2 → □

4 38.8 → ÷8 → □

5 23.8 → ÷4 → □

6 2.47 → ÷2 → □

7 16.94 → ÷4 → □

8 53.72 → ÷8 → □

9 21.24 → ÷5 → □

10 55.47 → ÷6 → □

빈 곳에 알맞은 수를 써넣으세요.

11 ÷

2.1	5	
10.2	4	

12 ÷

63.6	8	
49.5	6	

13 ÷

24.7	5	
37.5	6	

14 ÷

2.9	2	
15.8	4	

15 ÷

18.9	6	
78.8	8	

16 ÷

3.91	2	
9.5	4	

17 ÷

21.24	5	
31.97	5	

18 ÷

29.55	6	
18.2	8	

19 ÷

27.86	4	
21.33	6	

20 ÷

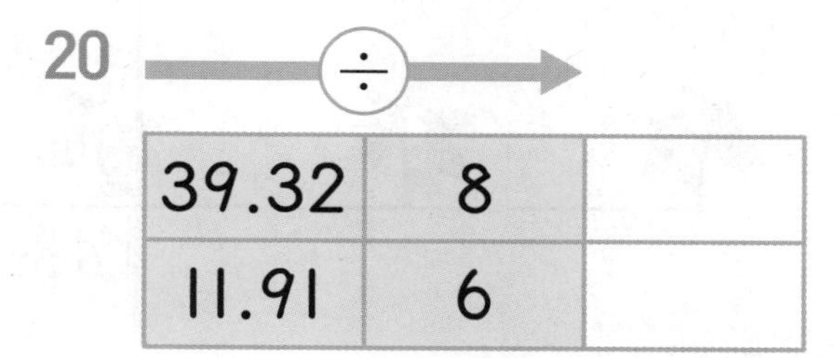

39.32	8	
11.91	6	

스스로 평가

아이들이 텃밭에 같은 간격으로 토마토 모종을 심으려고 합니다. 각각 몇 m 간격으로 심으면 되는지 구해 보세요.

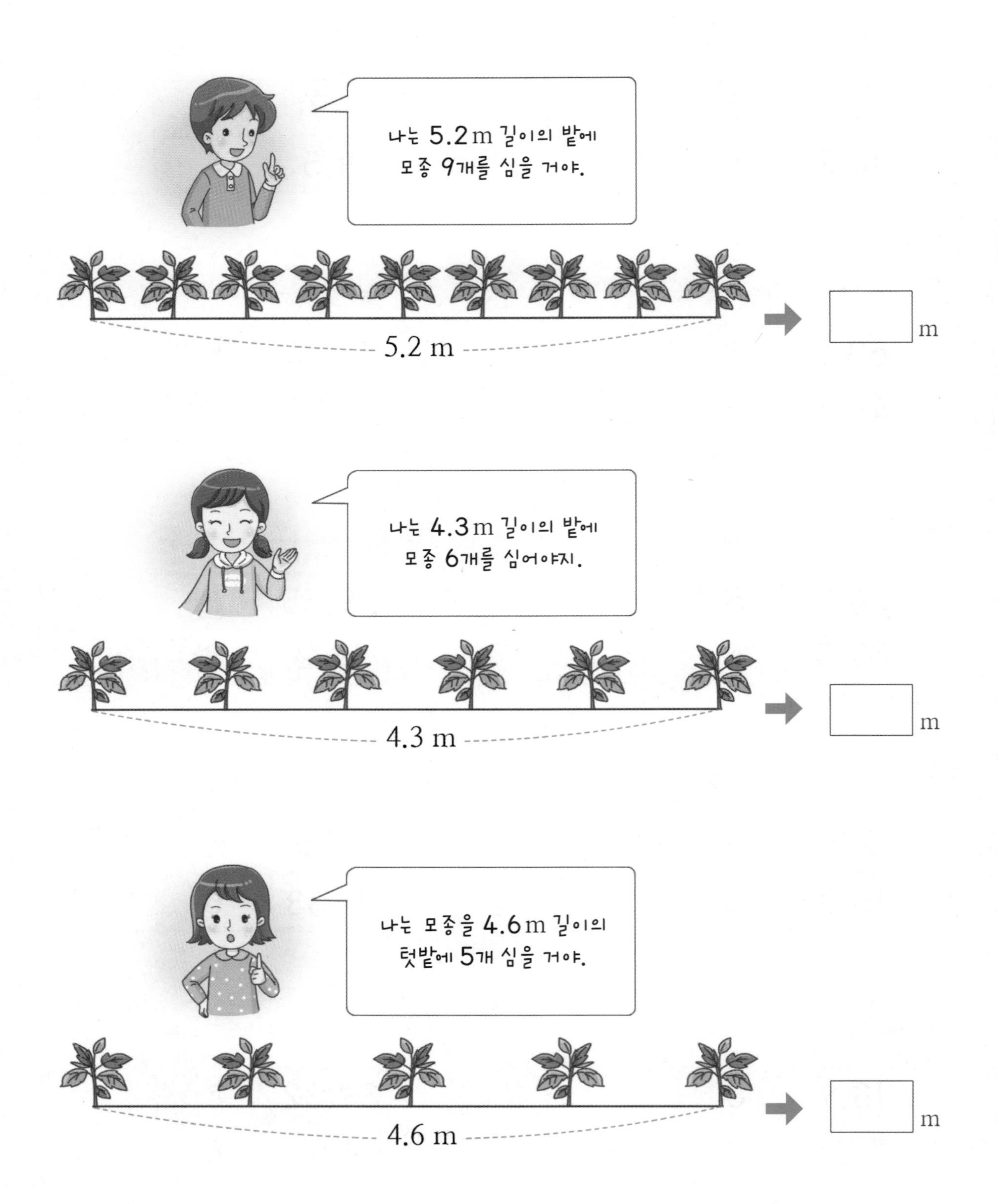

✎ 지용, 민석, 성훈이는 아버지와 함께 약수터에 가서 물을 떠 왔습니다. 떠 온 물을 다음과 같이 크기가 같은 물병에 모두 똑같이 나누어 담았습니다. 물병 한 개에 담은 물은 몇 L인지 각각 구해 보세요.

(소수) ÷ (자연수) (4)

학생들이 향초를 만들려고 합니다. 향초 심지로 사용할 실 4.16 m를 4모둠에 똑같이 나누어 주려고 합니다. 한 모둠에 실을 몇 m씩 나누어 주어야 하나요?

전체 실의 길이를 나누어 줄 모둠의 수로 나누면 한 모둠에 주어야 할 실의 길이를 알 수 있습니다. ➡ 4.16÷4

	1	0	4
4	)4	1	6
	4		
		1	6
		1	6
			0

➡

	1.	0	4
4	)4.	1	6
	4		
		1	6
		1	6
			0

➡ 내림한 수 1이 4보다 작아서 나눌 수 없으므로 몫에 0을 쓰고 수 하나를 더 내려 계산합니다.

4.16÷4=1.04이므로 한 모둠에 실을 1.04 m씩 나누어 주어야 해요.

학습계획

일차	1일 학습	2일 학습	3일 학습	4일 학습	5일 학습
공부할 날	월 일	월 일	월 일	월 일	월 일

(소수)÷(자연수)

• 5.2÷5 계산하기

방법 1 분수의 나눗셈으로 바꾸어 계산하기

$$5.2\div5=\frac{520}{100}\div5=\frac{520\div5}{100}=\frac{104}{100}=1.04$$

➡ 5.2를 $\frac{52}{10}$로 나타내어 계산하면 나누어떨어지지 않으므로 분자가 5로 나누어떨어지도록 $\frac{520}{100}$으로 바꾸어 계산합니다.

방법 2 자연수의 나눗셈을 이용하여 계산하기

$\frac{1}{100}$배

520÷5=104 ➡ 5.2÷5=1.04

$\frac{1}{100}$배

➡ 5로 나누었을 때 나누어떨어지려면 52÷5가 아닌 520÷5의 나눗셈식을 이용해야 합니다.

방법 3 세로로 계산하기

$$\begin{array}{r} 104 \\ 5\overline{)520} \\ \underline{5} \\ 20 \\ \underline{20} \\ 0 \end{array} \Rightarrow \begin{array}{r} 1.04 \\ 5\overline{)5.20} \\ \underline{5} \\ 20 \\ \underline{20} \\ 0 \end{array}$$

세로로 계산할 때 수를 하나 내렸음에도 나누어지는 수가 나누는 수보다 작을 경우에는 몫의 자리에 0을 쓰고 수를 하나 더 내려 나누어떨어질 때까지 계산해요.

➡ 내림한 2를 5로 나눌 수 없으므로 몫의 소수 첫째 자리에 0을 쓰고 0을 하나 더 내려 계산합니다.

(소수) ÷ (자연수) (4)

계산해 보세요.

1 $6.24 \div 3$ (3)6.24)

4 $7.63 \div 7$ (7)7.63)

7 $9.63 \div 9$ (9)9.63)

2 $12.16 \div 4$ (4)12.16)

5 $12.27 \div 3$ (3)12.27)

8 $12.28 \div 4$ (4)12.28)

3 $24.16 \div 8$ (8)24.16)

6 $24.12 \div 6$ (6)24.12)

9 $64.4 \div 8$ (8)64.4)

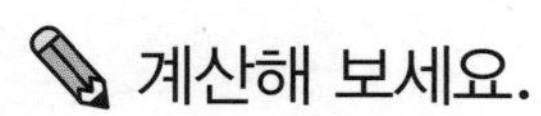
계산해 보세요.

10
$6\overline{)18.18}$

14
$5\overline{)15.35}$

18
$5\overline{)45.05}$

11
$6\overline{)12.3}$

15
$7\overline{)14.63}$

19
$6\overline{)48.3}$

12
$6\overline{)24.48}$

16
$9\overline{)63.72}$

20
$5\overline{)35.15}$

13
$7\overline{)35.63}$

17
$8\overline{)40.56}$

21
$5\overline{)45.4}$

스스로 평가

2일 반복

(소수) ÷ (자연수) (4)

계산해 보세요.

1 $9\overline{)36.81}$

4 $5\overline{)25.1}$

7 $9\overline{)81.27}$

2 $6\overline{)12.18}$

5 $7\overline{)21.14}$

8 $7\overline{)56.49}$

3 $3\overline{)12.09}$

6 $4\overline{)24.36}$

9 $4\overline{)36.2}$

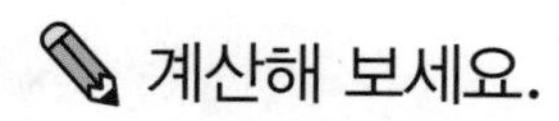
계산해 보세요.

10
$4\overline{)28.16}$

14
$4\overline{)20.2}$

18
$4\overline{)20.24}$

11
$5\overline{)25.2}$

15
$6\overline{)36.06}$

19
$7\overline{)49.56}$

12
$6\overline{)36.36}$

16
$7\overline{)21.42}$

20
$6\overline{)36.3}$

13
$7\overline{)49.14}$

17
$9\overline{)45.72}$

21
$7\overline{)63.07}$

스스로 평가

3일 반복 (소수) ÷ (자연수) (4)

계산해 보세요.

1 $12.42 \div 6$

4 $9.24 \div 3$

7 $18.21 \div 3$

2 $12.54 \div 6$

5 $32.72 \div 8$

8 $40.1 \div 5$

3 $28.56 \div 7$

6 $25.25 \div 5$

9 $81.63 \div 9$

계산해 보세요.

10 $18.54 \div 6$

11 $35.1 \div 5$

12 $20.2 \div 5$

13 $42.21 \div 7$

14 $54.42 \div 6$

15 $18.42 \div 6$

16 $35.45 \div 5$

17 $18.03 \div 3$

18 $72.63 \div 9$

19 $72.24 \div 8$

20 $24.2 \div 4$

21 $35.21 \div 7$

22 $81.54 \div 9$

23 $42.3 \div 6$

24 $24.06 \div 3$

25 $45.27 \div 9$

26 $36.12 \div 6$

27 $48.4 \div 8$

스스로 평가

(소수) ÷ (자연수) (4)

 계산해 보세요.

1 $14.07 \div 7$

4 $25.35 \div 5$

7 $63.63 \div 7$

2 $12.2 \div 4$

5 $42.48 \div 6$

8 $56.4 \div 8$

3 $24.3 \div 6$

6 $54.81 \div 9$

9 $18.63 \div 9$

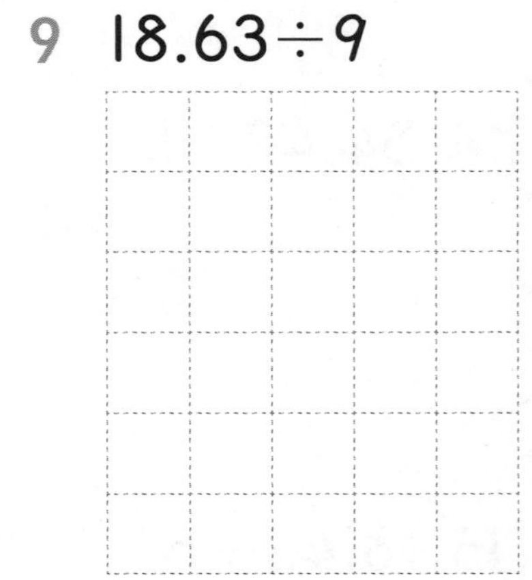

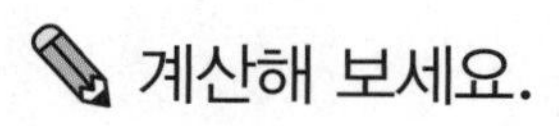
계산해 보세요.

10 $9.09 \div 3$

11 $16.16 \div 4$

12 $25.3 \div 5$

13 $45.81 \div 9$

14 $32.24 \div 8$

15 $49.42 \div 7$

16 $25.2 \div 5$

17 $30.35 \div 5$

18 $21.06 \div 3$

19 $63.14 \div 7$

20 $32.2 \div 4$

21 $36.42 \div 6$

22 $20.16 \div 4$

23 $30.1 \div 5$

24 $56.63 \div 7$

25 $49.35 \div 7$

26 $18.3 \div 6$

27 $36.54 \div 9$

스스로 평가

(소수) ÷ (자연수) (4)

빈 곳에 알맞은 수를 써넣으세요.

1 | 18.54 | ÷6 | (빈칸)

2 | 12.09 | ÷3 | (빈칸)

3 | 30.18 | ÷6 | (빈칸)

4 | 24.28 | ÷4 | (빈칸)

5 | 45.2 | ÷5 | (빈칸)

6 | 24.3 | ÷6 | (빈칸)

7 | 25.3 | ÷5 | (빈칸)

8 | 28.42 | ÷7 | (빈칸)

9 | 48.06 | ÷6 | (빈칸)

10 | 81.45 | ÷9 | (빈칸)

화살표를 따라 계산하여 빈 곳에 알맞은 수를 써넣으세요.

11

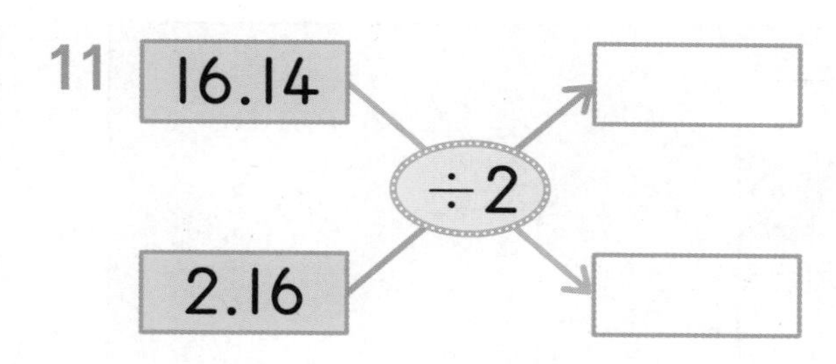

12

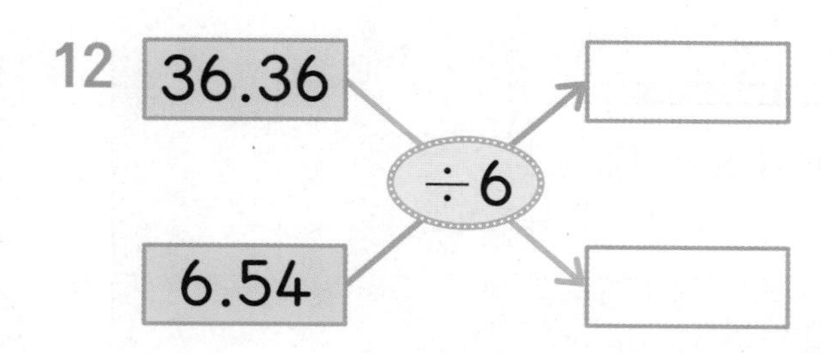

13

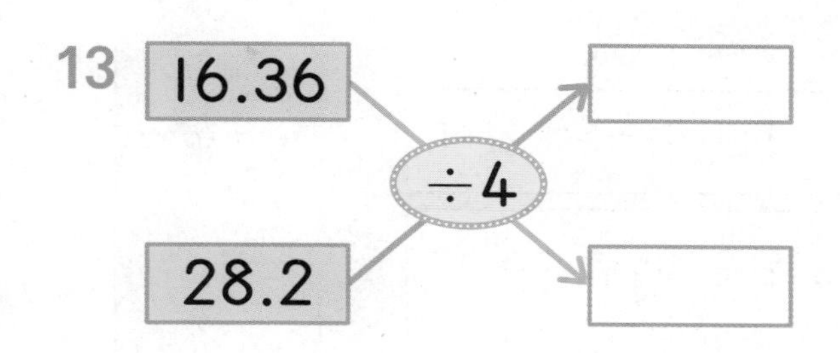

14

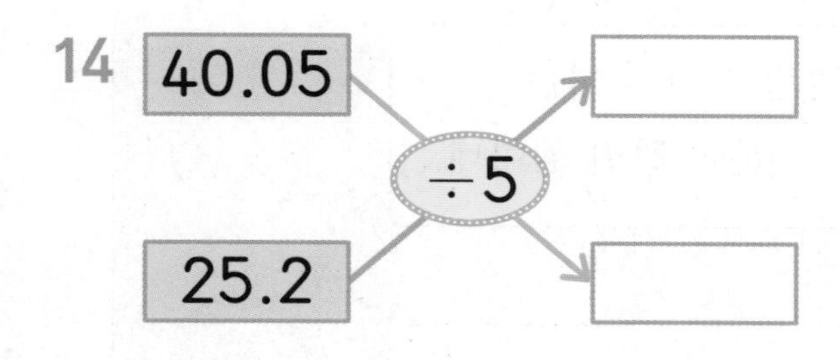

15

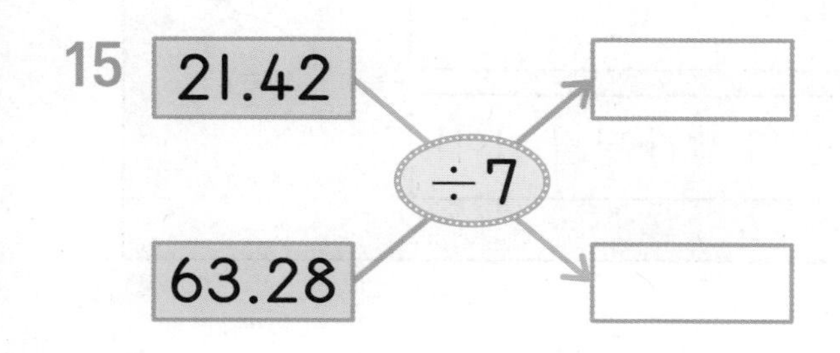

16

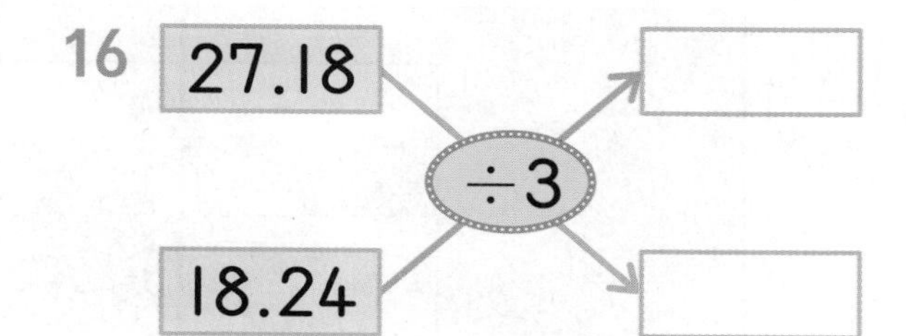

17

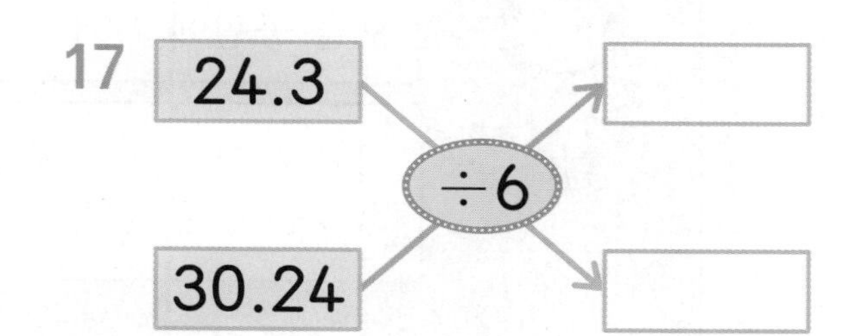

18

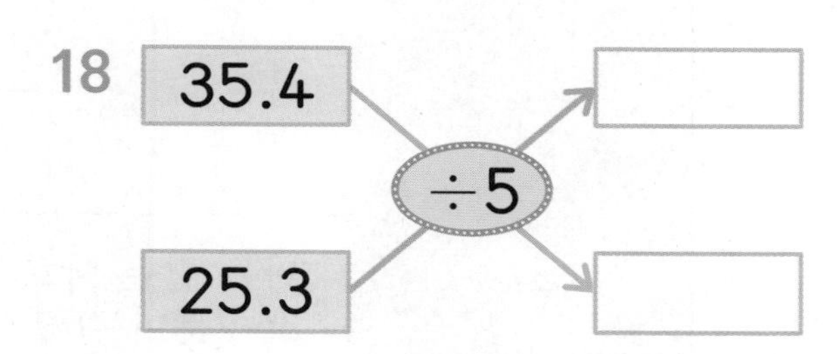

19

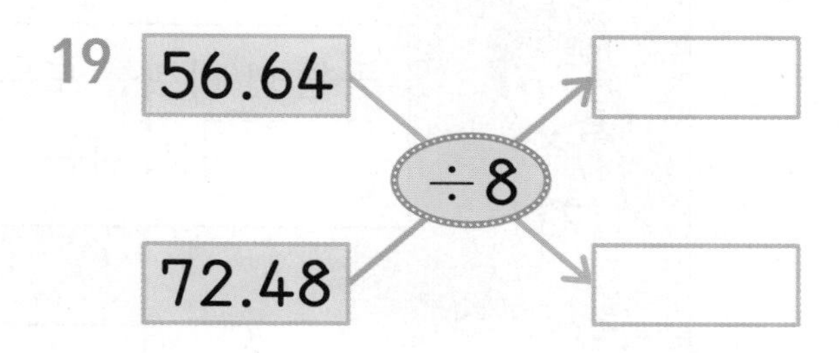

20

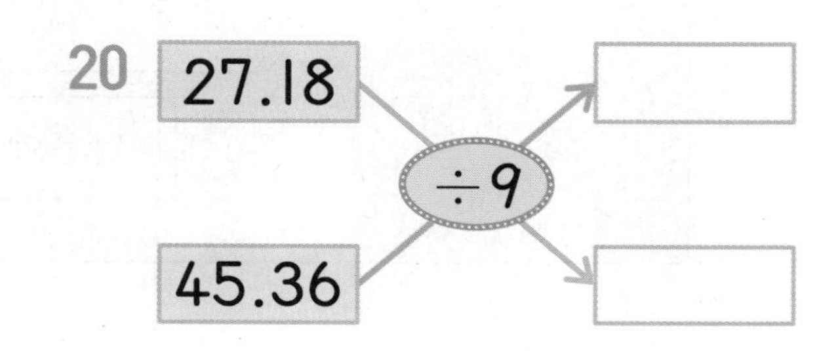

현아와 준형이의 대화를 보고 □ 안에 알맞은 수를 써넣으세요.

✎ 서연이가 한 봉지에 4개가 들어 있는 빵 한 봉지를 샀습니다. 빵 봉지에 다음과 같이 영양 정보가 쓰여 있었습니다. 빵 한 개의 영양 정보를 구해 보세요.

빵 한 개의 영양 정보			
나트륨	0.35 g	지방	☐ g
탄수화물	☐ g	단백질	☐ g
콜레스테롤	1 g	칼슘	☐ g

(자연수) ÷ (자연수)

수조에 담긴 물 7 L를 4개의 어항에 똑같이 나누어 담으려고 합니다. 한 개의 어항에 물을 몇 L 담아야 하나요?

전체 물의 양을 나누어 담을 어항 수로 나누면 한 개의 어항에 담을 물의 양을 알 수 있습니다. ➡ $7 \div 4$

$7 \div 4$를 분수로 나타내면 $\frac{7}{4}$입니다. $\frac{7}{4}$의 분모와 분자에 같은 수를 곱하여 분모가 10, 100, 1000……인 분수로 나타내면 소수로 나타낼 수 있습니다.

$$7 \div 4 = \frac{7}{4} = \frac{7 \times 25}{4 \times 25} = \frac{175}{100} = 1.75$$

$7 \div 4 = 1.75$이므로 한 개의 어항에 물을 1.75 L 담아야 해요.

일차	1일 학습	2일 학습	3일 학습	4일 학습	5일 학습
공부할 날	월 일	월 일	월 일	월 일	월 일

(자연수)÷(자연수) 5÷4 계산하기

방법 1 분수로 나타내어 계산하기

$$5\div4=\frac{5}{4}=\frac{5\times25}{4\times25}=\frac{125}{100}=1.25$$

➡ 분모가 10인 분수로 나타낼 수 없으므로 분모가 100인 분수로 고쳐서 소수로 나타냅니다.

방법 2 자연수의 나눗셈을 이용하여 계산하기

$\frac{1}{100}$배

500÷4=125 ➡ 5÷4=1.25

$\frac{1}{100}$배

➡ 4로 나누었을 때 나누어떨어지려면 50÷4가 아닌 500÷4의 나눗셈식을 이용해야 합니다.

방법 3 세로로 계산하기

$$\begin{array}{r} 125 \\ 4\,\overline{)\,500} \\ \underline{4} \\ 10 \\ \underline{8} \\ 20 \\ \underline{20} \\ 0 \end{array} \quad ➡ \quad \begin{array}{r} 1.25 \\ 4\,\overline{)\,5.00} \\ \underline{4} \\ 1\,0 \\ \underline{8} \\ 20 \\ \underline{20} \\ 0 \end{array}$$

➡ 몫이 나누어떨어지지 않으면 몫이 나누어떨어질 때까지 나누어지는 수 끝자리에 0이 있다고 생각하고 0을 내려 계산합니다.
이때 몫의 소수점은 자연수 바로 뒤에서 올려 찍습니다.

(자연수) ÷ (자연수)

계산해 보세요.

1 $2\overline{)3}$

4 $5\overline{)7}$

7 $5\overline{)6}$

2 $8\overline{)34}$

5 $4\overline{)13}$

8 $8\overline{)26}$

3 $8\overline{)18}$

6 $8\overline{)22}$

9 $4\overline{)23}$

계산해 보세요.

10 $4\overline{)10}$

11 $6\overline{)15}$

12 $4\overline{)19}$

13 $8\overline{)17}$

14 $2\overline{)11}$

15 $4\overline{)34}$

16 $4\overline{)21}$

17 $8\overline{)25}$

18 $4\overline{)30}$

19 $5\overline{)32}$

20 $4\overline{)27}$

21 $8\overline{)27}$

스스로 평가

2일 반복 (자연수) ÷ (자연수)

✎ 계산해 보세요.

1 $8\overline{)36}$

2 $4\overline{)17}$

3 $8\overline{)50}$

4 $5\overline{)31}$

5 $4\overline{)35}$

6 $8\overline{)42}$

7 $2\overline{)17}$

8 $4\overline{)25}$

9 $8\overline{)14}$

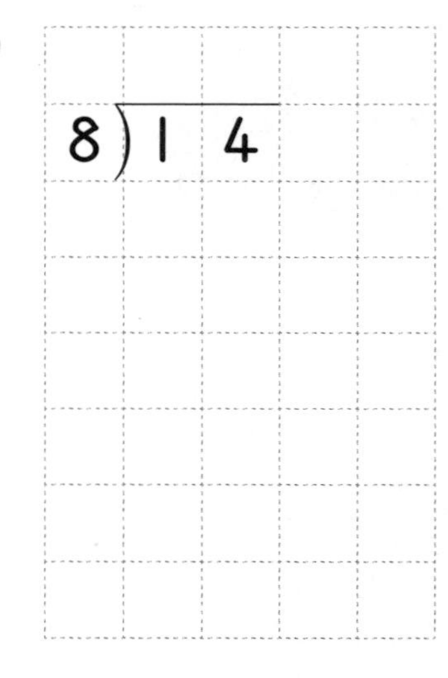

 계산해 보세요.

10 $2\overline{)5}$

14 $4\overline{)6}$

18 $2\overline{)7}$

11 $4\overline{)11}$

15 $8\overline{)30}$

19 $4\overline{)5}$

12 $6\overline{)9}$

16 $6\overline{)75}$

20 $4\overline{)29}$

13 $8\overline{)13}$

17 $8\overline{)29}$

21 $8\overline{)33}$

스스로 평가

(자연수) ÷ (자연수)

계산해 보세요.

1 $7 \div 4$

3 $41 \div 4$

5 $39 \div 4$

2 $45 \div 8$

4 $35 \div 8$

6 $51 \div 8$

계산해 보세요.

7 $4 \div 5$

8 $21 \div 6$

9 $22 \div 4$

10 $16 \div 5$

11 $4 \div 16$

12 $23 \div 2$

13 $11 \div 8$

14 $27 \div 6$

15 $18 \div 4$

16 $9 \div 8$

17 $13 \div 2$

18 $51 \div 4$

19 $12 \div 8$

20 $22 \div 5$

21 $38 \div 8$

22 $67 \div 8$

23 $33 \div 4$

24 $36 \div 5$

25 $43 \div 8$

26 $51 \div 5$

27 $10 \div 8$

스스로 평가

(자연수) ÷ (자연수)

계산해 보세요.

1 $31 \div 4$

3 $17 \div 4$

5 $81 \div 4$

2 $49 \div 8$

4 $37 \div 8$

6 $55 \div 8$

계산해 보세요.

7 $9 \div 2$

8 $39 \div 8$

9 $21 \div 5$

10 $3 \div 4$

11 $15 \div 8$

12 $41 \div 2$

13 $39 \div 6$

14 $15 \div 4$

15 $42 \div 16$

16 $23 \div 8$

17 $19 \div 2$

18 $27 \div 5$

19 $23 \div 5$

20 $38 \div 16$

21 $35 \div 20$

22 $19 \div 8$

23 $12 \div 32$

24 $53 \div 8$

25 $4 \div 25$

26 $33 \div 6$

27 $62 \div 8$

스스로 평가

(자연수) ÷ (자연수)

빈 곳에 알맞은 수를 써넣으세요.

1
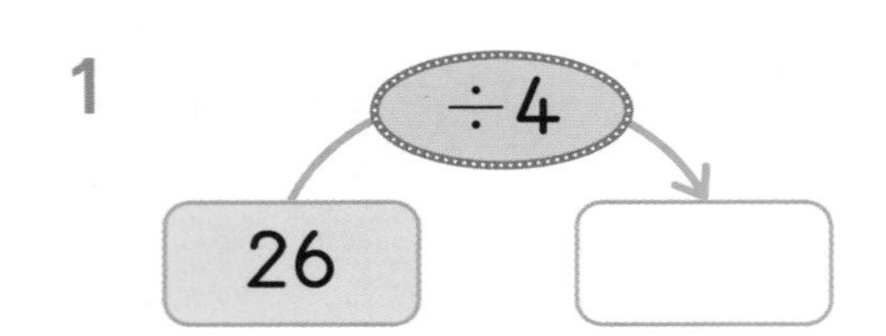

2
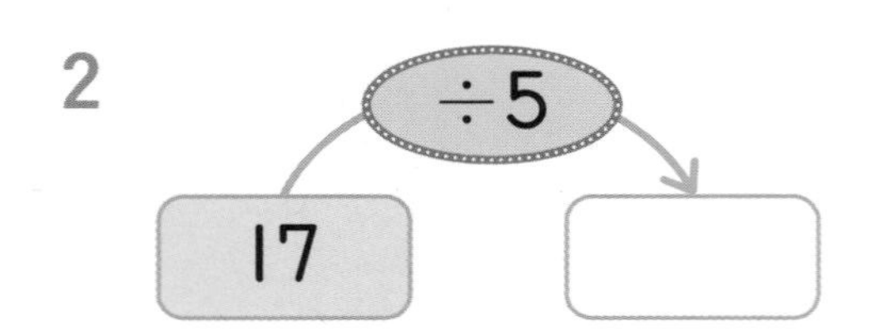

3
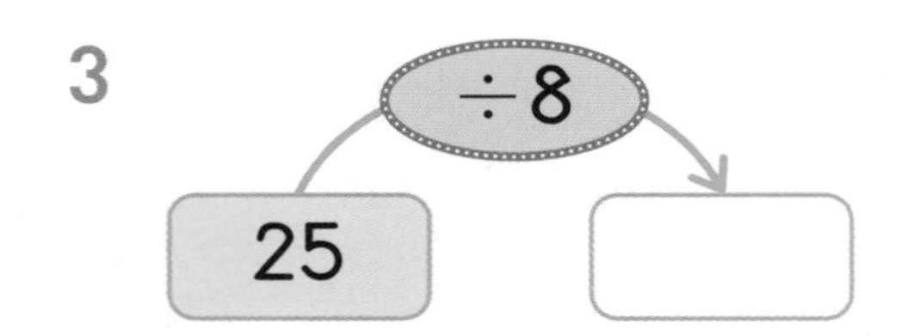

4
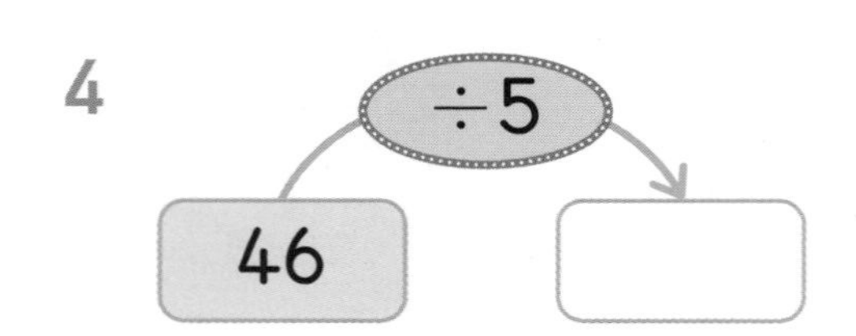

5
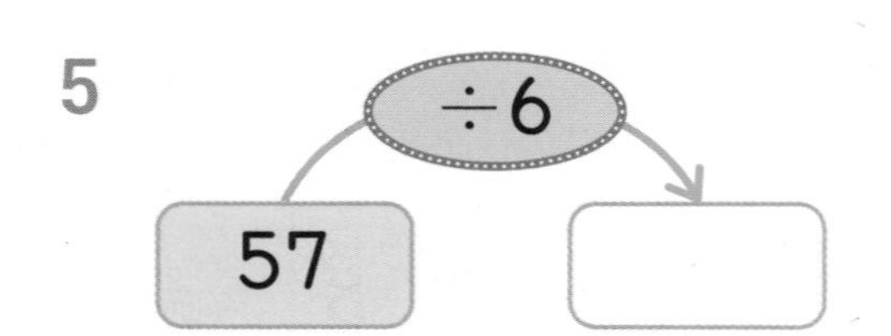

6
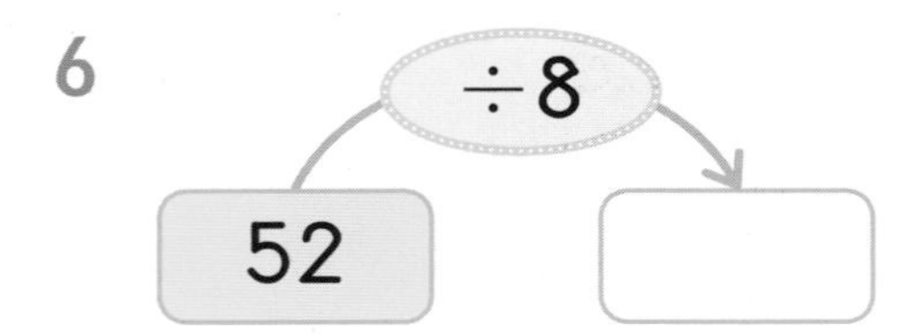

7
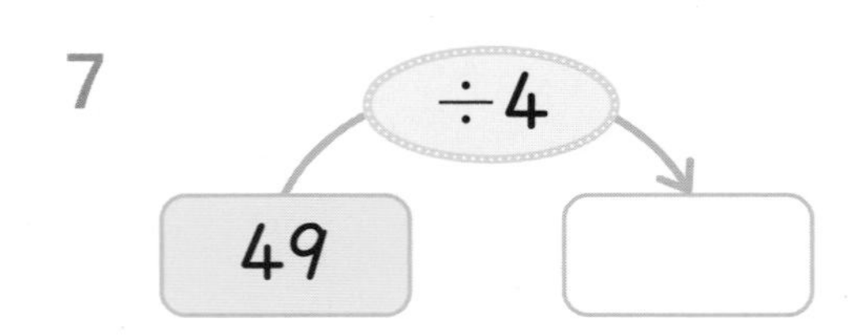

8
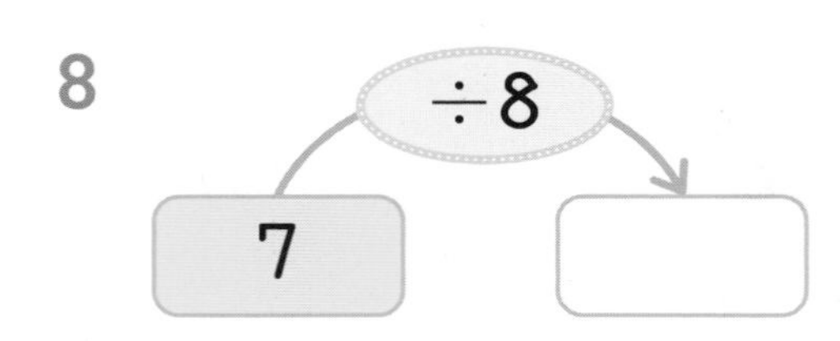

9
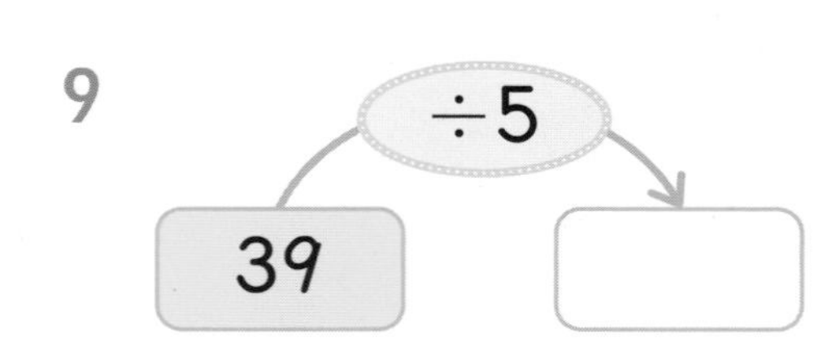

10
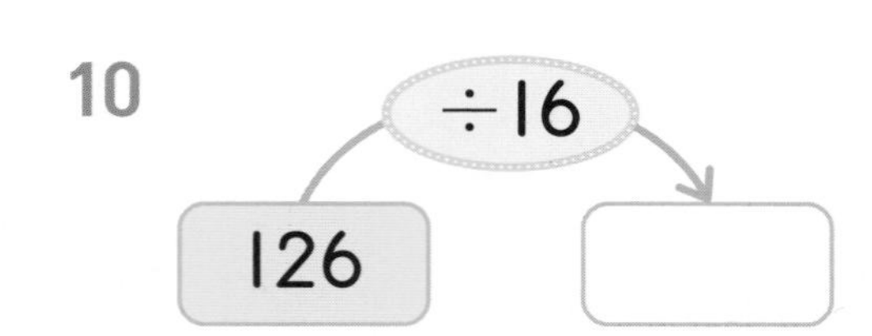

✎ 큰 수를 작은 수로 나눈 몫을 빈 곳에 써넣으세요.

11

12

18	5

13

32	72

14

45	6

15

8	41

16

17

5	66

18
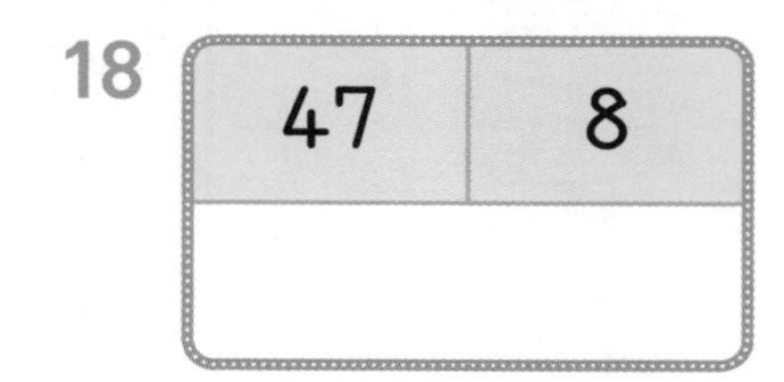

19
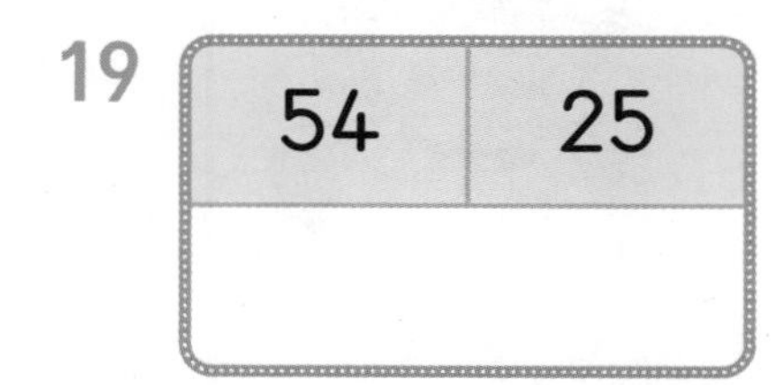

20
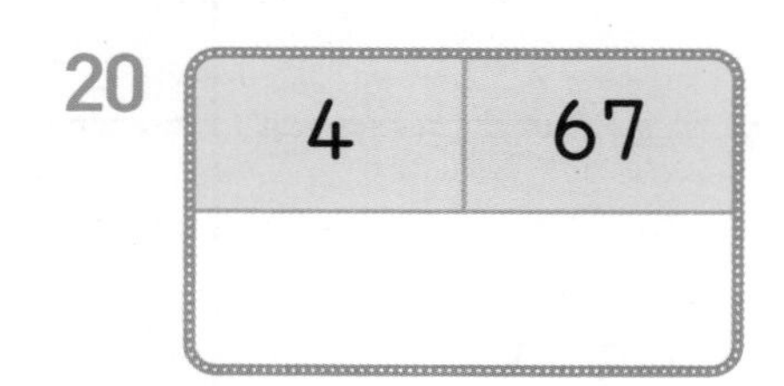

스스로 평가

작은 수를 큰 수로 나눌수록 몫이 작아집니다. 학생들이 갖고 있는 수 카드 3장을 사용하여 계산 결과가 가장 작은 식을 만들고 계산해 보세요.

✎ 계산 결과가 큰 것부터 차례로 ○ 안에 번호를 써 보세요.

몫을 반올림하여 나타내기

재형이는 아빠와 함께 약수터에 갔습니다. 13 L짜리 물통에 물을 가득 받는 데 6분이 걸렸다면 1분 동안 받은 물의 양은 약 몇 L인지 반올림하여 소수 첫째 자리까지 나타내어 보세요.

물통에 받은 물의 양을 받은 시간으로 나누면 1분 동안 받은 물의 양을 알 수 있습니다. ➡ $13 \div 6$

몫을 반올림하여 소수 첫째 자리까지 나타내려면 몫을 소수 둘째 자리까지 구해야 합니다.

$$13 \div 6 = 2.16\cdots\cdots$$

몫을 반올림하여 소수 첫째 자리까지 나타내려면 소수 둘째 자리의 수가 6이므로 올림해야 합니다.

$$13 \div 6 = 2.16\cdots\cdots \Rightarrow 2.2$$

$13 \div 6 = 2.16\cdots\cdots$을 반올림하여 소수 첫째 자리까지 나타내면 2.2이므로
1분 동안 받은 물의 양은 약 2.2 L예요.

일차	1일 학습	2일 학습	3일 학습	4일 학습	5일 학습
공부할 날	월 일	월 일	월 일	월 일	월 일

(자연수)÷(자연수)의 몫을 반올림하여 나타내기

• 29÷12의 몫을 반올림하여 나타내기

$$\begin{array}{r} 2.416 \\ 12\overline{)29.000} \\ \underline{24} \\ 5\,0 \\ \underline{4\,8} \\ 2\,0 \\ \underline{1\,2} \\ 8\,0 \\ \underline{7\,2} \\ 8 \end{array}$$

① 몫을 반올림하여 소수 첫째 자리까지 구하기
몫을 소수 둘째 자리까지 구한 다음 소수 둘째 자리에서 반올림합니다.
$29 \div 12 = 2.41\cdots\cdots$ ➡ 2.4

② 몫을 반올림하여 소수 둘째 자리까지 구하기
몫을 소수 셋째 자리까지 구한 다음 소수 셋째 자리에서 반올림합니다.
$29 \div 12 = 2.416\cdots\cdots$ ➡ 2.42

참고 **반올림하려는 수가 0, 1, 2, 3, 4이면 버림하고, 5, 6, 7, 8, 9이면 올림합니다.**

나눗셈의 몫을 반올림하여 나타낼 때는 구하려는 자리보다 한 자리 아래까지 몫을 구한 후 반올림해요.

개념 쏙쏙 노트

• 몫을 반올림하여 나타내기
몫을 반올림하여 소수 첫째 자리까지 구하려면 소수 둘째 자리에서 반올림하고, 소수 둘째 자리까지 구하려면 소수 셋째 자리에서 반올림합니다.

몫을 반올림하여 나타내기

몫을 반올림하여 소수 첫째 자리까지 나타내어 보세요.

1 $39 \div 7$

3 $46 \div 3$

2 $25 \div 6$

4 $89 \div 7$

 몫을 반올림하여 소수 첫째 자리까지 나타내어 보세요.

5 $16 \div 3$

6 $65 \div 9$

7 $595 \div 6$

8 $81 \div 11$

9 $913 \div 12$

10 $645 \div 18$

11 $36 \div 7$

12 $472 \div 6$

13 $614 \div 7$

14 $860 \div 9$

15 $118 \div 11$

16 $364 \div 23$

17 $689 \div 9$

18 $514 \div 17$

19 $278 \div 6$

20 $125 \div 12$

21 $94 \div 23$

22 $147 \div 29$

2일 반복 몫을 반올림하여 나타내기

몫을 반올림하여 소수 둘째 자리까지 나타내어 보세요.

1 $35 \div 6$

3 $26 \div 9$

2 $34 \div 7$

4 $67 \div 9$

✎ 몫을 반올림하여 소수 둘째 자리까지 나타내어 보세요.

5 $49 \div 3$

11 $74 \div 3$

17 $81 \div 7$

6 $37 \div 6$

12 $69 \div 7$

18 $99 \div 7$

7 $149 \div 7$

13 $246 \div 9$

19 $315 \div 11$

8 $478 \div 11$

14 $517 \div 12$

20 $628 \div 13$

9 $722 \div 14$

15 $623 \div 17$

21 $486 \div 35$

10 $148 \div 17$

16 $371 \div 18$

22 $425 \div 28$

스스로 평가

몫을 반올림하여 나타내기

몫을 반올림하여 소수 첫째 자리까지 나타내어 보세요.

1 $59 \div 6$

3 $34 \div 3$

2 $41 \div 7$

4 $73 \div 6$

 몫을 반올림하여 소수 첫째 자리까지 나타내어 보세요.

5 $263 \div 12$

11 $342 \div 13$

17 $411 \div 14$

6 $48 \div 21$

12 $368 \div 14$

18 $743 \div 17$

7 $848 \div 18$

13 $933 \div 19$

19 $163 \div 21$

8 $95 \div 7$

14 $332 \div 3$

20 $467 \div 19$

9 $581 \div 6$

15 $694 \div 6$

21 $771 \div 7$

10 $235 \div 9$

16 $626 \div 9$

22 $935 \div 12$

스스로 평가

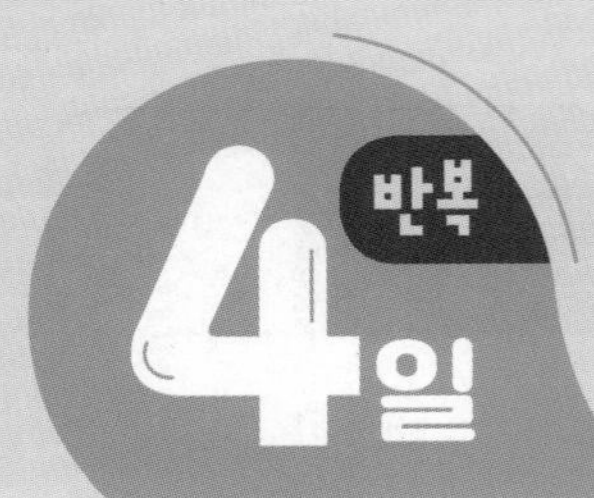

몫을 반올림하여 나타내기

몫을 반올림하여 소수 둘째 자리까지 나타내어 보세요.

1 $23 \div 9$

3 $30 \div 9$

2 $17 \div 3$

4 $53 \div 7$

몫을 반올림하여 소수 둘째 자리까지 나타내어 보세요.

5 $48 \div 17$

11 $59 \div 18$

17 $62 \div 19$

6 $77 \div 21$

12 $87 \div 7$

18 $91 \div 3$

7 $47 \div 19$

13 $112 \div 6$

19 $127 \div 6$

8 $138 \div 7$

14 $241 \div 7$

20 $154 \div 9$

9 $166 \div 11$

15 $177 \div 11$

21 $189 \div 13$

10 $190 \div 13$

16 $203 \div 26$

22 $218 \div 15$

몫을 반올림하여 나타내기

몫을 반올림하여 주어진 자리까지 나타내어 보세요.

1 $47 \div 6$

소수 첫째 자리 (　　　　　　)
소수 둘째 자리 (　　　　　　)

2 $59 \div 9$

소수 첫째 자리 (　　　　　　)
소수 둘째 자리 (　　　　　　)

3 $37 \div 7$

소수 첫째 자리 (　　　　　　)
소수 둘째 자리 (　　　　　　)

4 $68 \div 3$

소수 첫째 자리 (　　　　　　)
소수 둘째 자리 (　　　　　　)

5 $24 \div 11$

소수 첫째 자리 (　　　　　　)
소수 둘째 자리 (　　　　　　)

6 $44 \div 6$

소수 첫째 자리 (　　　　　　)
소수 둘째 자리 (　　　　　　)

7 $54 \div 14$

소수 첫째 자리 (　　　　　　)
소수 둘째 자리 (　　　　　　)

8 $97 \div 18$

소수 첫째 자리 (　　　　　　)
소수 둘째 자리 (　　　　　　)

몫을 반올림하여 주어진 자리까지 나타내어 보세요.

9 $216 \div 19$

소수 첫째 자리 (　　　　　　　　)

소수 둘째 자리 (　　　　　　　　)

13 $643 \div 18$

소수 첫째 자리 (　　　　　　　　)

소수 둘째 자리 (　　　　　　　　)

10 $158 \div 14$

소수 첫째 자리 (　　　　　　　　)

소수 둘째 자리 (　　　　　　　　)

14 $897 \div 11$

소수 첫째 자리 (　　　　　　　　)

소수 둘째 자리 (　　　　　　　　)

11 $827 \div 24$

소수 첫째 자리 (　　　　　　　　)

소수 둘째 자리 (　　　　　　　　)

15 $423 \div 19$

소수 첫째 자리 (　　　　　　　　)

소수 둘째 자리 (　　　　　　　　)

12 $945 \div 17$

소수 첫째 자리 (　　　　　　　　)

소수 둘째 자리 (　　　　　　　　)

16 $592 \div 18$

소수 첫째 자리 (　　　　　　　　)

소수 둘째 자리 (　　　　　　　　)

스스로 평가

모둠마다 철사 74 cm를 아이들이 각자 똑같은 길이로 나누어 가지려고 합니다. 모둠별로 한 사람이 몇 cm를 갖게 되는 셈인지 나눗셈을 하고 몫을 반올림하여 소수 첫째 자리까지 나타내어 보세요.

나눗셈식을 보고 사다리를 타고 내려가서 주어진 자리까지 구한 몫을 찾아 선으로 이어 보세요.

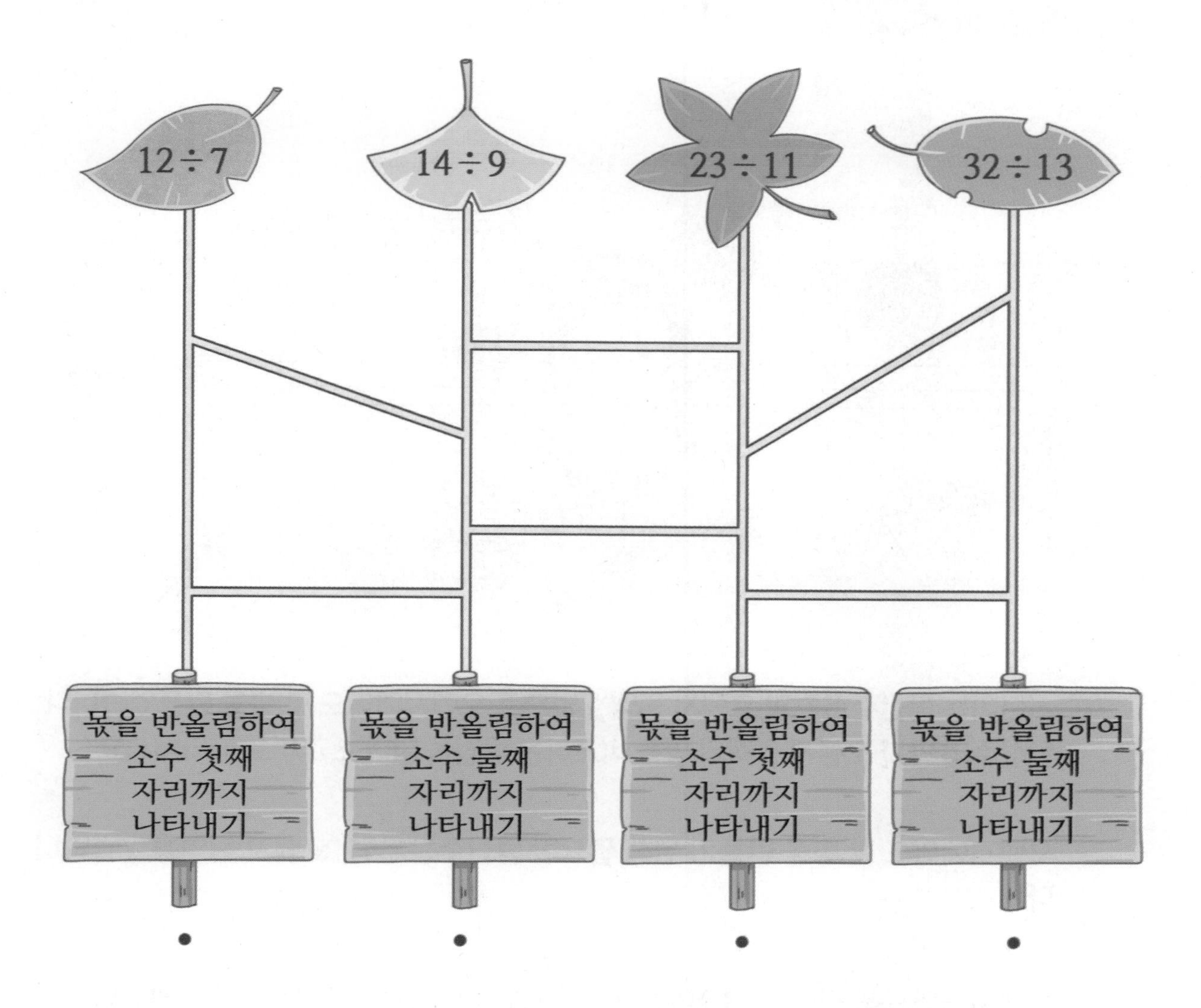

비와 비율

시현이는 탄산수 5컵과 오렌지 원액 2컵으로 오렌지에이드 한 병을 만들었습니다. 탄산수의 양과 오렌지 원액의 양을 비교하는 방법을 알아보고 비로 나타내세요.

오렌지에이드 한 병을 만들기 위해 필요한 탄산수는 5컵, 오렌지 원액은 2컵입니다.

오렌지에이드를 만드는 데 필요한 탄산수의 양은 오렌지 원액의 $\frac{5}{2}$배입니다.

두 수를 비교하기 위해 기호 :을 사용하여 나타낸 것을 비라고 합니다.

오렌지에이드를 만드는 데 필요한 탄산수의 양과 오렌지 원액의 양을 비로 나타내면 (탄산수의 양) : (오렌지 원액의 양) = 5 : 2입니다.
5 : 2는 5대 2라고 읽습니다.

주의 5 : 2와 2 : 5는 서로 다릅니다.

학습계획

일차	1일 학습	2일 학습	3일 학습	4일 학습	5일 학습
공부할 날	월 일	월 일	월 일	월 일	월 일

비

- 두 수를 비교할 때 기호 :을 사용합니다.
- 비의 여러 가지 표현

4 : 5 ➡
- 4 대 5
- 4와 5의 비
- 5에 대한 4의 비
- 4의 5에 대한 비

4 : 5와 5 : 4는 서로 달라요.

비율

전체를 기준으로 하여 부분을 비교할 때 (비교하는 양) : (기준량)으로 나타냅니다.

비교하는 양 ⟶ 4 : 8 ⟵ 기준량

비에서 기호 :의 오른쪽에 있는 수를 기준량, 왼쪽에 있는 수를 비교하는 양이라고 합니다. 기준량에 대한 비교하는 양의 크기를 비율이라고 합니다.

$$(\text{비율})=(\text{비교하는 양})\div(\text{기준량})=\frac{(\text{비교하는 양})}{(\text{기준량})}$$

비율 구하기

- 4 : 8의 비율 구하기

  기준량은 8, 비교하는 양은 4이므로 비율로 나타내면 $\frac{4}{8}\left(=\frac{1}{2}\right)$ 또는 0.5입니다.

- 7과 10의 비의 비율 구하기

  ⟶ 7 : 10

  기준량은 10, 비교하는 양은 7이므로 비율로 나타내면 $\frac{7}{10}$ 또는 0.7입니다.

- 8에 대한 6의 비의 비율 구하기

  ⟶ 6 : 8

  기준량은 8, 비교하는 양은 6이므로 비율로 나타내면 $\frac{6}{8}\left(=\frac{3}{4}\right)$ 또는 0.75입니다.

- 4의 20에 대한 비의 비율 구하기

  ⟶ 4 : 20

  기준량은 20, 비교하는 양은 4이므로 비율로 나타내면 $\frac{4}{20}\left(=\frac{1}{5}\right)$ 또는 0.2입니다.

1일 연습

비와 비율

비에서 기준량과 비교하는 양을 써 보세요.

1 3 : 5

➡ 기준량 ______

비교하는 양 ______

2 1 대 4

➡ 기준량 ______

비교하는 양 ______

3 4와 7의 비

➡ 기준량 ______

비교하는 양 ______

4 5 : 9

➡ 기준량 ______

비교하는 양 ______

5 5에 대한 6의 비

➡ 기준량 ______

비교하는 양 ______

6 5와 8의 비

➡ 기준량 ______

비교하는 양 ______

7 10의 9에 대한 비

➡ 기준량 ______

비교하는 양 ______

8 2 : 6

➡ 기준량 ______

비교하는 양 ______

9 11과 8의 비

➡ 기준량 ______

비교하는 양 ______

10 10에 대한 5의 비

➡ 기준량 ______

비교하는 양 ______

비에서 기준량과 비교하는 양을 써 보세요.

11 2 : 3

➡ 기준량 ______

비교하는 양 ______

12 3 대 5

➡ 기준량 ______

비교하는 양 ______

13 9와 8의 비

➡ 기준량 ______

비교하는 양 ______

14 7 : 3

➡ 기준량 ______

비교하는 양 ______

15 8에 대한 6의 비

➡ 기준량 ______

비교하는 양 ______

16 15와 7의 비

➡ 기준량 ______

비교하는 양 ______

17 20의 3에 대한 비

➡ 기준량 ______

비교하는 양 ______

18 4 : 9

➡ 기준량 ______

비교하는 양 ______

19 13과 5의 비

➡ 기준량 ______

비교하는 양 ______

20 14에 대한 6의 비

➡ 기준량 ______

비교하는 양 ______

스스로 평가

2일 반복

비와 비율

비율을 기약분수로 나타내어 보세요.

1 7 : 10

➡ ______

2 2와 5의 비

➡ ______

3 5 대 15

➡ ______

4 20과 8의 비

➡ ______

5 4에 대한 3의 비

➡ ______

6 5에 대한 2의 비

➡ ______

7 10에 대한 8의 비

➡ ______

8 13과 65의 비

➡ ______

9 3의 8에 대한 비

➡ ______

10 6 : 24

➡ ______

11 9와 30의 비

➡ ______

12 3 대 24

➡ ______

13 2에 대한 7의 비

➡ ______

14 16의 40에 대한 비

➡ ______

비율을 소수로 나타내어 보세요.

15 1 : 8

➡ ______

16 3 대 20

➡ ______

17 2와 10의 비

➡ ______

18 8 대 40

➡ ______

19 3과 25의 비

➡ ______

20 6과 24의 비

➡ ______

21 4에 대한 5의 비

➡ ______

22 9와 15의 비

➡ ______

23 6 : 24

➡ ______

24 5에 대한 8의 비

➡ ______

25 15에 대한 6의 비

➡ ______

26 7의 28에 대한 비

➡ ______

27 3의 8에 대한 비

➡ ______

28 12에 대한 30의 비

➡ ______

스스로 평가

3일 반복

비와 비율

비율을 기약분수로 나타내어 보세요.

1 1 : 12

➡ ______

2 3 대 21

➡ ______

3 24와 40의 비

➡ ______

4 4와 18의 비

➡ ______

5 13 : 26

➡ ______

6 12 대 18

➡ ______

7 26에 대한 16의 비

➡ ______

8 9에 대한 6의 비

➡ ______

9 10에 대한 6의 비

➡ ______

10 15 대 35

➡ ______

11 3의 5에 대한 비

➡ ______

12 15의 24에 대한 비

➡ ______

13 12와 8의 비

➡ ______

14 24의 26에 대한 비

➡ ______

비율을 소수로 나타내어 보세요.

15 1 : 25

➡ ______

16 9 대 30

➡ ______

17 12 대 5

➡ ______

18 13과 40의 비

➡ ______

19 16과 64의 비

➡ ______

20 21 대 25

➡ ______

21 10 : 8

➡ ______

22 8에 대한 5의 비

➡ ______

23 10에 대한 17의 비

➡ ______

24 22 대 10

➡ ______

25 15의 25에 대한 비

➡ ______

26 14의 10에 대한 비

➡ ______

27 18의 20에 대한 비

➡ ______

28 20에 대한 26의 비

➡ ______

스스로 평가

4일 반복

비와 비율

비율을 기약분수와 소수로 나타내어 보세요.

1 2 : 5

➡ 분수 ____________

소수 ____________

2 1과 4의 비

➡ 분수 ____________

소수 ____________

3 4대 5

➡ 분수 ____________

소수 ____________

4 10과 8의 비

➡ 분수 ____________

소수 ____________

5 9대 20

➡ 분수 ____________

소수 ____________

6 4에 대한 2의 비

➡ 분수 ____________

소수 ____________

7 9 : 2

➡ 분수 ____________

소수 ____________

8 16에 대한 24의 비

➡ 분수 ____________

소수 ____________

9 4의 32에 대한 비

➡ 분수 ____________

소수 ____________

10 9의 12에 대한 비

➡ 분수 ____________

소수 ____________

비율을 기약분수와 소수로 나타내어 보세요.

11 5 : 25

➡ 분수 ______

소수 ______

12 9 대 8

➡ 분수 ______

소수 ______

13 5와 20의 비

➡ 분수 ______

소수 ______

14 7과 14의 비

➡ 분수 ______

소수 ______

15 21 : 14

➡ 분수 ______

소수 ______

16 8에 대한 2의 비

➡ 분수 ______

소수 ______

17 18의 40에 대한 비

➡ 분수 ______

소수 ______

18 6의 30에 대한 비

➡ 분수 ______

소수 ______

19 27 대 45

➡ 분수 ______

소수 ______

20 18과 48의 비

➡ 분수 ______

소수 ______

스스로 평가

5일 응용

비와 비율

빈 곳에 알맞은 기약분수를 써넣으세요.

1

비	비율
9 : 21	

2

비	비율
17 : 19	

3

비	비율
2 대 9	

4

비	비율
5 : 8	

5

비	비율
4 대 50	

6

비	비율
13과 65의 비	

7

비	비율
18과 24의 비	

8

비	비율
4에 대한 10의 비	

9

비	비율
9에 대한 15의 비	

10

비	비율
10에 대한 3의 비	

11

비	비율
30과 36의 비	

12

비	비율
18의 40에 대한 비	

빈 곳에 알맞은 소수를 써넣으세요.

13

비	비율
5 : 2	

14

비	비율
9 : 20	

15

비	비율
2 대 40	

16

비	비율
3과 10의 비	

17

비	비율
14에 대한 49의 비	

18

비	비율
13과 52의 비	

19

비	비율
11과 25의 비	

20

비	비율
6에 대한 9의 비	

21

비	비율
25에 대한 6의 비	

22

비	비율
4의 5에 대한 비	

23

비	비율
2의 25에 대한 비	

24

비	비율
31의 62에 대한 비	

스스로 평가

지원이네 학교 축구부에서 전국 축구 대회에 참가할 선수 2명을 뽑으려고 합니다. 다음 4명의 학생 중에서 공을 차서 골을 넣은 비율이 높은 학생을 차례로 2명 뽑는다면 선수로 뽑힐 학생은 누구인지 써 보세요.

선수로 뽑힐 학생은 ☐, ☐ 입니다.

민주와 지영이는 흰색과 빨간색 페인트를 섞어 분홍색 페인트를 만들었습니다. 분홍색 페인트를 더 진하게 만든 사람은 누구인가요?

흰색 페인트 양에 대한 빨간색 페인트의 양의 비율을 각각 구합니다.

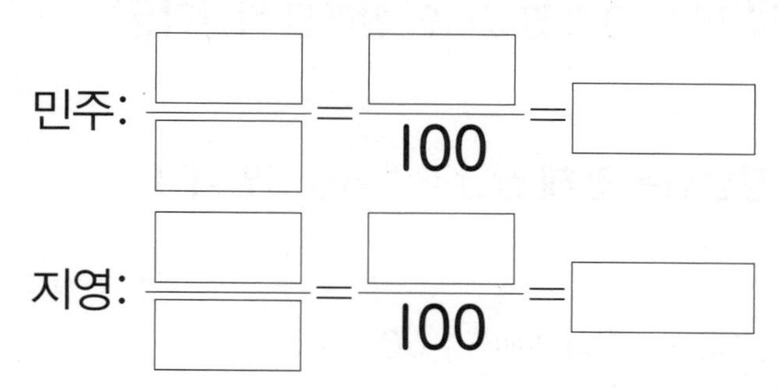

민주: $\dfrac{\square}{\square}=\dfrac{\square}{100}=\square$

지영: $\dfrac{\square}{\square}=\dfrac{\square}{100}=\square$

➡ ☐(이)가 만든 분홍색 페인트가 더 진합니다.

백분율

알뜰 시장에서 책은 50권 중 35권이 판매되었고, 장난감은 20개 중 12개가 판매되었습니다. 책과 장난감의 판매율은 각각 몇 %인가요?

기준량을 100으로 할 때의 비율을 백분율이라고 합니다.
기호 %를 사용하여 나타내고, 퍼센트라고 읽습니다.

100은 50의 2배이므로 책이 100권 있었다면 판매된 책은
$35 \times 2 = 70$(권)입니다.

➡ $\frac{35}{50} = \frac{70}{100}$이므로 판매된 책은 전체 책의 70 %입니다.

100은 20의 5배이므로 장난감이 100개 있었다면 판매된 장난감은
$12 \times 5 = 60$(개)입니다.

➡ $\frac{12}{20} = \frac{60}{100}$이므로 판매된 장난감은 전체 장난감의 60 %입니다.

책의 판매율은 70 %, 장난감의 판매율은 60 %예요.

일차	1일 학습	2일 학습	3일 학습	4일 학습	5일 학습
공부할 날	월 일	월 일	월 일	월 일	월 일

백분율

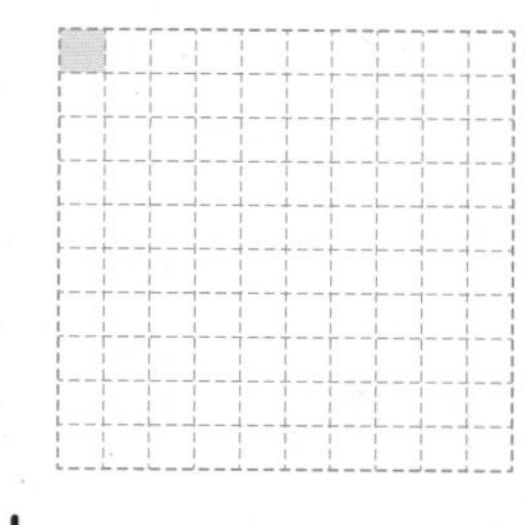

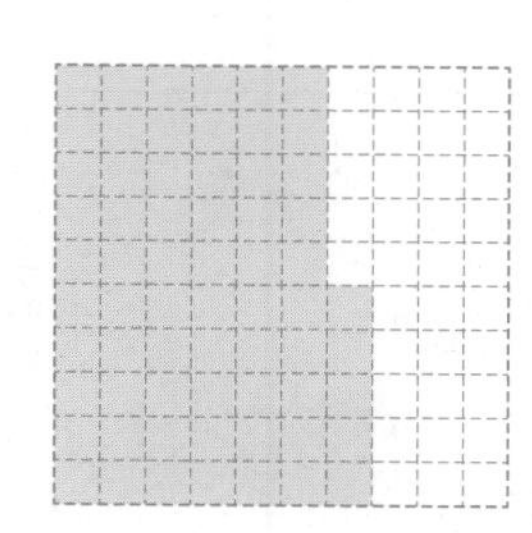

$\frac{1}{100}$, 1 %, 0.01은 모두 같습니다.

$\frac{1}{100}=1\%$ ➡ 1 퍼센트

$\frac{65}{100}=65\%$ ➡ 65 퍼센트

분수를 백분율로 나타내기

- $\frac{12}{25}$를 백분율로 나타내기

방법 1 기준량이 100인 비율로 나타낸 후 백분율로 나타내기

$\frac{12}{25}=\frac{48}{100}$ ➡ 48 %

방법 2 비율에 100을 곱해서 나온 값에 기호 %를 붙이기

$\frac{12}{25}\times100=48(\%)$

(백분율)=(비율)×100(%)

소수를 백분율로 나타내기

- 0.42를 백분율로 나타내기

소수에 100을 곱한 후 기호 %를 붙입니다. ➡ $0.42\times100=42(\%)$

백분율을 기약분수와 소수로 나타내기

- 백분율을 분모가 100인 분수로 고친 후 약분하여 나타냅니다.

➡ 36 %를 기약분수로 나타내기: $\frac{36}{100}=\frac{9}{25}$

- 백분율을 분모가 100인 분수로 고친 후 소수로 나타냅니다.

➡ 48 %를 소수로 나타내기: $\frac{48}{100}=0.48$

백분율

백분율을 분수로 나타내어 보세요.

1 5 % ➡ ______

2 20 % ➡ ______

3 24 % ➡ ______

4 20.5 % ➡ ______

5 10 % ➡ ______

6 35 % ➡ ______

7 55 % ➡ ______

8 40 % ➡ ______

9 42.5 % ➡ ______

10 50 % ➡ ______

11 140 % ➡ ______

12 64 % ➡ ______

13 120 % ➡ ______

14 350 % ➡ ______

백분율을 소수로 나타내어 보세요.

15 35 % ➡ ______

16 14 % ➡ ______

17 77 % ➡ ______

18 8.5 % ➡ ______

19 92 % ➡ ______

20 30 % ➡ ______

21 12.4 % ➡ ______

22 31 % ➡ ______

23 68 % ➡ ______

24 40 % ➡ ______

25 26.1 % ➡ ______

26 36 % ➡ ______

27 10 % ➡ ______

28 52 % ➡ ______

스스로 평가

2 반복 일

백분율

백분율을 분수로 나타내어 보세요.

1 3 % ➡ ______

2 9 % ➡ ______

3 24 % ➡ ______

4 13 % ➡ ______

5 19.6 % ➡ ______

6 32 % ➡ ______

7 34 % ➡ ______

8 45 % ➡ ______

9 51 % ➡ ______

10 77.4 % ➡ ______

11 83 % ➡ ______

12 87 % ➡ ______

13 96 % ➡ ______

14 98 % ➡ ______

백분율을 소수로 나타내어 보세요.

15 19 % ➡ ______

16 87 % ➡ ______

17 27.5 % ➡ ______

18 50 % ➡ ______

19 98 % ➡ ______

20 47 % ➡ ______

21 18.7 % ➡ ______

22 325 % ➡ ______

23 63 % ➡ ______

24 105 % ➡ ______

25 26 %  ______

26 43.2 % ➡ ______

27 59 % ➡ ______

28 320 % ➡ ______

스스로 평가

백분율

비율을 백분율로 나타내어 보세요.

1 0.05 ➡ ______

2 $\frac{3}{4}$ ➡ ______

3 0.8 ➡ ______

4 $\frac{4}{5}$ ➡ ______

5 $\frac{7}{10}$ ➡ ______

6 0.12 ➡ ______

7 0.23 ➡ ______

8 $\frac{1}{16}$ ➡ ______

9 $\frac{9}{20}$ ➡ ______

10 0.31 ➡ ______

11 0.452 ➡ ______

12 $\frac{11}{50}$ ➡ ______

13 0.63 ➡ ______

14 $\frac{7}{40}$ ➡ ______

비율을 백분율로 나타내어 보세요.

15 0.2 ➡ ______

16 $\frac{1}{4}$ ➡ ______

17 0.68 ➡ ______

18 3.5 ➡ ______

19 $\frac{29}{100}$ ➡ ______

20 $\frac{1}{50}$ ➡ ______

21 $\frac{11}{40}$ ➡ ______

22 0.75 ➡ ______

23 $\frac{7}{8}$ ➡ ______

24 $\frac{4}{25}$ ➡ ______

25 0.525 ➡ ______

26 $\frac{5}{16}$ ➡ ______

27 $\frac{19}{20}$ ➡ ______

28 5.3 ➡ ______

스스로 평가

백분율

비율을 백분율로 나타내어 보세요.

1 $\frac{9}{10}$ ➡ ______

2 0.3 ➡ ______

3 $\frac{4}{25}$ ➡ ______

4 0.64 ➡ ______

5 $\frac{5}{2}$ ➡ ______

6 $\frac{1}{4}$ ➡ ______

7 1.3 ➡ ______

8 0.45 ➡ ______

9 $\frac{7}{20}$ ➡ ______

10 1.32 ➡ ______

11 $\frac{47}{50}$ ➡ ______

12 $\frac{5}{8}$ ➡ ______

13 0.44 ➡ ______

14 0.06 ➡ ______

✎ 비율을 백분율로 나타내어 보세요.

15 $\frac{1}{5}$ ➡ ________

16 $\frac{9}{16}$ ➡ ________

17 0.045 ➡ ________

18 0.11 ➡ ________

19 $\frac{3}{20}$ ➡ ________

20 $\frac{19}{20}$ ➡ ________

21 0.24 ➡ ________

22 $\frac{17}{25}$ ➡ ________

23 0.43 ➡ ________

24 $\frac{33}{50}$ ➡ ________

25 0.82 ➡ ________

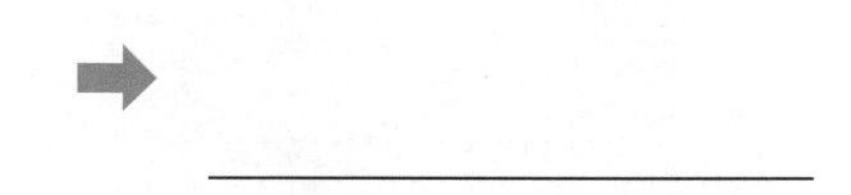

26 $\frac{9}{40}$ ➡ ________

27 $\frac{17}{50}$ ➡ ________

28 0.937 ➡ ________

스스로 평가

5일 응용 백분율

빈 곳에 알맞은 것을 써넣으세요.

	분수	소수	백분율(%)
1	$\frac{3}{20}$	0.15	
2		0.625	62.5 %
3	$\frac{23}{100}$	0.23	
4		0.76	
5	$\frac{2}{5}$		40 %
6			6 %
7	$\frac{23}{40}$		
8	$\frac{8}{25}$		

빈 곳에 알맞은 것을 써넣으세요.

	분수	소수	백분율(%)
9	$\frac{17}{20}$	0.85	
10	$\frac{49}{100}$		
11			37.5 %
12		0.35	
13		0.525	52.5 %
14	$\frac{6}{5}$	1.2	
15	$\frac{7}{2}$		
16	$\frac{5}{16}$	0.3125	

스스로 평가

10주 생각 수학

✎ 주희네 학교에서 전교 어린이 회장 선거가 열렸습니다. 주희네 학교 학생 400명이 투표했을 때 각 후보의 득표율을 구해 보세요.

후보	지호	미성	태영	무효
득표 수(표)	100	160	136	4
득표율(%)				1

✎ 어느 4월의 날씨를 매일 기록한 것입니다. 날씨별 백분율을 각각 구해 보세요.

4월

일	월	화	수	목	금	토
		1	2	3	4	5
6	7	8	9	10	11	12
13	14	15	16	17	18	19
20	21	22	23	24	25	26
27	28	29	30			

맑음 흐림 비 옴

맑음: $\dfrac{\square}{30} \times 100 = \square$ (%)

흐림: $\dfrac{\square}{30} \times 100 = \square$ (%)

비 옴: $\dfrac{\square}{30} \times 100 = \square$ (%)

11권 ㅣ 분수, 소수의 나눗셈 (1)		일차	표준 시간	문제 개수
1주	(분수)÷(자연수) (1)	1일차	12분	36개
		2일차	12분	36개
		3일차	12분	36개
		4일차	12분	36개
		5일차	8분	20개
2주	(분수)÷(자연수) (2)	1일차	13분	36개
		2일차	13분	36개
		3일차	13분	36개
		4일차	13분	36개
		5일차	13분	16개
3주	(소수)÷(자연수) (1)	1일차	7분	18개
		2일차	7분	18개
		3일차	12분	27개
		4일차	12분	27개
		5일차	10분	20개
4주	(소수)÷(자연수) (2)	1일차	8분	21개
		2일차	8분	21개
		3일차	13분	27개
		4일차	13분	27개
		5일차	15분	18개
5주	(소수)÷(자연수) (3)	1일차	7분	18개
		2일차	7분	18개
		3일차	13분	27개
		4일차	13분	27개
		5일차	13분	20개
6주	(소수)÷(자연수) (4)	1일차	8분	21개
		2일차	8분	21개
		3일차	13분	27개
		4일차	13분	27개
		5일차	13분	20개
7주	(자연수)÷(자연수)	1일차	9분	21개
		2일차	9분	21개
		3일차	14분	27개
		4일차	14분	27개
		5일차	10분	20개
8주	몫을 반올림하여 나타내기	1일차	15분	22개
		2일차	15분	22개
		3일차	15분	22개
		4일차	15분	22개
		5일차	15분	16개
9주	비와 비율	1일차	6분	20개
		2일차	10분	28개
		3일차	10분	28개
		4일차	10분	20개
		5일차	10분	24개
10주	백분율	1일차	10분	28개
		2일차	10분	28개
		3일차	10분	28개
		4일차	10분	28개
		5일차	10분	16개

1일 10분
초등 메가
계산력

1일 10분
초등 메가
계산력

자기 주도 학습력을 높이는
1일 10분 습관의 힘

1일 10분 초등 메가 계산력

분수, 소수의 나눗셈 (1)

정답

메가스터디BOOKS

자기 주도 학습력을 높이는
1일 10분 습관의 힘

1일 10분

초등 메가 계산력

11권

초등 6학년

분수, 소수의 나눗셈 (1)

정답

메가 계산력 이것이 다릅니다!

수학, 왜 어려워할까요?

자연수

쉽게 느끼는 영역	어렵게 느끼는 영역
작은 수	큰 수
덧셈	뺄셈
덧셈, 뺄셈	곱셈, 나눗셈
곱셈	나눗셈
세 수의 덧셈, 세 수의 뺄셈	세 수의 덧셈과 뺄셈 혼합 계산
사칙연산의 혼합 계산	괄호를 포함한 혼합 계산

분수와 소수

쉽게 느끼는 영역	어렵게 느끼는 영역
배수	약수
통분	약분
소수의 덧셈, 뺄셈	분수의 덧셈, 뺄셈
분수의 곱셈, 나눗셈	소수의 곱셈, 나눗셈
분수의 곱셈과 나눗셈의 혼합계산	소수의 곱셈과 나눗셈의 혼합계산
사칙연산의 혼합 계산	괄호를 포함한 혼합 계산

아이들은 수와 연산을 습득하면서 나름의 난이도 기준이 생깁니다. 이때 '수학은 어려운 과목 또는 지루한 과목'이라는 덫에 한번 걸리면 트라우마가 되어 그 덫에서 벗어나기가 굉장히 어려워집니다.

"수학의 기본인 계산력이 부족하기 때문입니다."

계산력, "플로 스몰 스텝"으로 키운다!

1일 10분 초등 메가 계산력은 반복 학습 시스템 **"플로 스몰 스텝(flow small step)"**으로 구성하였습니다. **"플로 스몰 스텝(flow small step)"**이란, 학습 내용을 잘게 쪼개어 자연스럽게 단계를 밟아가며 학습하도록 하는 프로그램입니다. 이 방식에 따라 학습하다 보면 난이도가 높아지더라도 크게 어려움을 느끼지 않으면서 수학의 개념과 원리를 자연스럽게 깨우치게 되고, 수학을 어렵거나 지루한 과목이라고 느끼지 않게 됩니다.

1. 매일 꾸준히 하는 것이 중요합니다.

자전거 타는 방법을 한번 익히면 잘 잊어버리지 않습니다. 이것을 우리는 '체화되었다'라고 합니다. 자전거를 잘 타게 될 때까지 매일 넘어지고, 다시 달리고를 반복하기 때문입니다. 계산력도 마찬가지입니다.

계산의 원리와 순서를 이해해도 꾸준히 학습하지 않으면 바로 잊어버리기 쉽습니다. 계산을 잘하는 아이들은 문제 풀이 속도도 빠르고, 실수도 적습니다. 그것은 단기간에 얻을 수 있는 결과가 아닙니다. 지금 현재 잘하는 것처럼 보인다고 시간이 흐른 후에도 잘하는 것이 아닙니다. 자전거 타기가 완전히 체화되어서 자연스럽게 달리고 멈추기를 실수 없이 하게 될 때까지 매일 연습하듯, 계산력도 매일 꾸준히 연습해서 단련해야 합니다.

2. 빠른 것보다 정확하게 푸는 것이 중요합니다!

초등 교과 과정의 수학 교과서 "수와 연산" 영역에서는 문제에 대한 다양한 풀이법을 요구하고 있습니다. 왜 그럴까요?

기계적인 단순 반복 계산 훈련을 막기 위해서라기보다 더욱 빠르고 정확하게 문제를 해결하는 계산력 향상을 위해서입니다. 빠르고 정확한 계산을 하는 셈 방법에는 머리셈과 필산이 있습니다. 이제까지의 계산력 훈련으로는 손으로 직접 쓰는 필산만이 중요시되었습니다. 하지만 새 교육과정에서는 필산과 함께 머리셈을 더욱 강조하고 있으며 아이들에게도 이는 재미있는 도전이 될 것입니다. 그렇다고 해서 머리셈을 위한 계산 개념을 따로 공부해야 하는 것이 아닙니다. 체계적인 흐름에 따라 문제를 풀면서 자연스럽게 습득할 수 있어야 합니다.

초등 교과 과정에 맞춰 체계화된 1일 10분 초등 메가 계산력의 **"플로 스몰 스텝(flow small step)"** 프로그램으로 계산력을 키워 주세요.

계산력 향상은 중 · 고등 수학까지 연결되는 사고력 확장의 단단한 바탕입니다.

정답 1주 (분수) ÷ (자연수) (1)

1일

6쪽

번호	답	번호	답	번호	답
1	$\frac{1}{3}$	7	$1\frac{1}{8}$	13	$\frac{3}{13}$
2	$\frac{3}{7}$	8	$5\frac{2}{3}$	14	$2\frac{1}{2}$
3	$\frac{6}{11}$	9	$\frac{6}{13}$	15	$6\frac{2}{5}$
4	$\frac{9}{13}$	10	$2\frac{5}{8}$	16	$3\frac{3}{7}$
5	$6\frac{2}{3}$	11	$\frac{4}{7}$	17	$2\frac{1}{5}$
6	$\frac{2}{9}$	12	$2\frac{1}{2}$	18	$\frac{5}{26}$

7쪽

번호	답	번호	답	번호	답
19	$\frac{11}{52}$	25	$\frac{3}{11}$	31	$\frac{3}{22}$
20	$\frac{1}{21}$	26	$\frac{1}{17}$	32	$\frac{2}{27}$
21	$\frac{1}{8}$	27	$\frac{3}{26}$	33	$\frac{11}{24}$
22	$\frac{7}{30}$	28	$\frac{1}{42}$	34	$\frac{2}{65}$
23	$\frac{16}{27}$	29	$\frac{1}{62}$	35	$\frac{9}{88}$
24	$\frac{5}{63}$	30	$\frac{1}{20}$	36	$\frac{29}{50}$

2일

8쪽

번호	답	번호	답	번호	답
1	$1\frac{1}{6}$	7	$6\frac{1}{3}$	13	$\frac{8}{9}$
2	$\frac{5}{9}$	8	$\frac{8}{25}$	14	$4\frac{1}{4}$
3	$\frac{2}{7}$	9	$\frac{14}{23}$	15	$\frac{3}{20}$
4	$\frac{11}{14}$	10	$\frac{2}{51}$	16	$7\frac{3}{7}$
5	$1\frac{5}{13}$	11	$1\frac{1}{5}$	17	$\frac{6}{29}$
6	$2\frac{2}{3}$	12	$1\frac{6}{7}$	18	$8\frac{1}{3}$

9쪽

번호	답	번호	답	번호	답
19	$\frac{3}{35}$	25	$\frac{7}{32}$	31	$\frac{3}{16}$
20	$\frac{1}{24}$	26	$\frac{1}{17}$	32	$\frac{11}{27}$
21	$\frac{2}{27}$	27	$\frac{1}{38}$	33	$\frac{7}{12}$
22	$\frac{7}{32}$	28	$\frac{23}{33}$	34	$\frac{1}{32}$
23	$\frac{7}{66}$	29	$\frac{5}{36}$	35	$\frac{1}{31}$
24	$\frac{2}{39}$	30	$\frac{21}{40}$	36	$\frac{4}{9}$

3일

10쪽

번호	답	번호	답	번호	답
1	$\frac{3}{7}$	7	$\frac{6}{7}$	13	$\frac{1}{42}$
2	$\frac{1}{9}$	8	$\frac{1}{42}$	14	$1\frac{2}{19}$
3	$\frac{7}{8}$	9	$1\frac{1}{5}$	15	$\frac{2}{21}$
4	$\frac{11}{35}$	10	$\frac{11}{31}$	16	$\frac{7}{40}$
5	$\frac{3}{17}$	11	$\frac{11}{13}$	17	$\frac{1}{45}$
6	$\frac{7}{18}$	12	$\frac{1}{22}$	18	$\frac{2}{21}$

11쪽

번호	답	번호	답	번호	답
19	$\frac{1}{13}$	25	$\frac{3}{5}$	31	$\frac{1}{41}$
20	$\frac{11}{21}$	26	$\frac{6}{55}$	32	$4\frac{2}{3}$
21	$\frac{1}{19}$	27	$\frac{25}{36}$	33	$\frac{1}{34}$
22	$1\frac{5}{18}$	28	$\frac{19}{51}$	34	$2\frac{7}{17}$
23	$\frac{17}{21}$	29	$\frac{11}{78}$	35	$\frac{9}{19}$
24	$2\frac{1}{4}$	30	$\frac{11}{18}$	36	$\frac{4}{45}$

4일

12쪽

1. $\frac{3}{55}$
2. $\frac{7}{24}$
3. $\frac{11}{30}$
4. $\frac{13}{68}$
5. $\frac{1}{11}$
6. $\frac{3}{11}$
7. $\frac{3}{17}$
8. $\frac{2}{3}$
9. $\frac{7}{46}$
10. $1\frac{7}{8}$
11. $\frac{3}{22}$
12. $\frac{13}{42}$
13. $12\frac{3}{4}$
14. $\frac{1}{28}$
15. $1\frac{16}{25}$
16. $\frac{19}{23}$
17. $6\frac{3}{4}$
18. $\frac{4}{35}$

13쪽

19. $\frac{5}{17}$
20. $\frac{2}{21}$
21. $\frac{1}{34}$
22. $1\frac{2}{7}$
23. $\frac{1}{22}$
24. $\frac{13}{21}$
25. $3\frac{1}{6}$
26. $\frac{1}{17}$
27. $\frac{1}{6}$
28. $\frac{1}{26}$
29. $\frac{6}{19}$
30. $\frac{5}{46}$
31. $\frac{13}{17}$
32. $\frac{7}{55}$
33. $\frac{19}{65}$
34. $1\frac{3}{5}$
35. $\frac{2}{63}$
36. $\frac{4}{21}$

5일

14쪽

1. $\frac{1}{3}$
2. $\frac{3}{28}$
3. $\frac{5}{24}$
4. $5\frac{1}{2}$
5. $\frac{1}{21}$
6. $\frac{7}{8}$
7. $\frac{13}{14}$
8. $\frac{8}{9}$
9. $\frac{3}{8}$
10. $1\frac{5}{6}$

15쪽

11. $\frac{5}{44}$
12. $\frac{11}{13}$
13. $\frac{2}{23}$
14. $1\frac{1}{4}$
15. $\frac{13}{18}$
16. $\frac{3}{62}$
17. $9\frac{1}{2}$
18. $\frac{1}{11}$
19. $\frac{1}{38}$
20. $\frac{19}{39}$

생각 수학

16쪽

도넛 5개를 만드는 데 필요한 재료의 양을 5로 나누면 됩니다.

 : 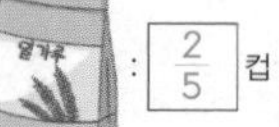

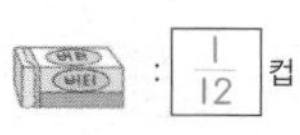

 : 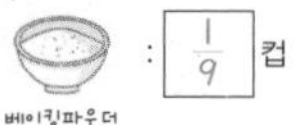

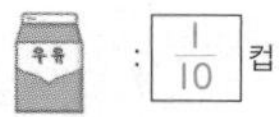

17쪽

$\frac{3}{8}$	$\frac{1}{15}$	$\frac{8}{11}$	$1\frac{4}{9}$	$\frac{7}{12}$
든	트	골	버	리

$8\div11$	$\frac{3}{4}\div2$	$\frac{7}{4}\div3$	$\frac{3}{5}\div9$	$7\div12$	$\frac{52}{9}\div4$
골	든	리	트	리	버

정답 2주 (분수) ÷ (자연수) (2)

1일

20쪽

번호	답	번호	답	번호	답
1	$\frac{1}{2}$	7	$\frac{3}{14}$	13	$\frac{1}{5}$
2	$\frac{1}{3}$	8	$\frac{2}{9}$	14	$\frac{2}{3}$
3	$\frac{3}{5}$	9	$\frac{6}{7}$	15	$1\frac{3}{7}$
4	$1\frac{1}{7}$	10	$\frac{4}{5}$	16	$\frac{1}{6}$
5	$2\frac{3}{4}$	11	$\frac{4}{9}$	17	$\frac{1}{3}$
6	$\frac{2}{11}$	12	$3\frac{2}{3}$	18	$\frac{3}{4}$

21쪽

번호	답	번호	답	번호	답
19	$\frac{5}{7}$	25	$\frac{7}{9}$	31	$\frac{5}{19}$
20	$\frac{3}{5}$	26	$\frac{7}{11}$	32	$\frac{3}{4}$
21	$\frac{1}{4}$	27	$\frac{14}{31}$	33	$1\frac{5}{21}$
22	$\frac{1}{6}$	28	$\frac{2}{15}$	34	$\frac{2}{9}$
23	$\frac{7}{8}$	29	$\frac{4}{9}$	35	$1\frac{1}{5}$
24	$1\frac{9}{26}$	30	$\frac{13}{22}$	36	$2\frac{7}{8}$

2일

22쪽

번호	답	번호	답	번호	답
1	$\frac{6}{7}$	7	$\frac{2}{11}$	13	$\frac{3}{4}$
2	$1\frac{2}{5}$	8	$\frac{7}{13}$	14	$\frac{1}{3}$
3	$\frac{2}{3}$	9	$\frac{9}{14}$	15	$2\frac{1}{3}$
4	$\frac{5}{6}$	10	$\frac{1}{15}$	16	$3\frac{1}{2}$
5	$\frac{1}{4}$	11	$\frac{6}{7}$	17	$\frac{2}{5}$
6	$\frac{1}{3}$	12	$1\frac{1}{5}$	18	$\frac{1}{6}$

23쪽

번호	답	번호	답	번호	답
19	$\frac{3}{4}$	25	$1\frac{1}{2}$	31	$\frac{9}{11}$
20	$2\frac{6}{7}$	26	$\frac{2}{3}$	32	$\frac{2}{13}$
21	$\frac{11}{13}$	27	$2\frac{1}{3}$	33	$1\frac{1}{4}$
22	$\frac{11}{21}$	28	$\frac{5}{6}$	34	$1\frac{5}{6}$
23	$\frac{1}{4}$	29	$\frac{2}{7}$	35	$\frac{2}{3}$
24	$4\frac{1}{3}$	30	$\frac{4}{9}$	36	$\frac{7}{9}$

3일

24쪽

번호	답	번호	답	번호	답
1	$\frac{1}{4}$	7	$\frac{2}{9}$	13	$2\frac{1}{9}$
2	$\frac{1}{5}$	8	$1\frac{2}{3}$	14	$\frac{2}{13}$
3	$\frac{2}{3}$	9	$1\frac{1}{11}$	15	$\frac{8}{17}$
4	$\frac{5}{6}$	10	$\frac{17}{23}$	16	$\frac{10}{21}$
5	$\frac{3}{4}$	11	$1\frac{3}{4}$	17	$2\frac{2}{15}$
6	$\frac{2}{7}$	12	$\frac{3}{5}$	18	$\frac{17}{26}$

25쪽

번호	답	번호	답	번호	답
19	$\frac{3}{7}$	25	$\frac{11}{21}$	31	$\frac{7}{9}$
20	$\frac{1}{4}$	26	$\frac{5}{13}$	32	$\frac{9}{11}$
21	$\frac{3}{5}$	27	$\frac{17}{20}$	33	$\frac{1}{11}$
22	$1\frac{1}{7}$	28	$\frac{13}{17}$	34	$2\frac{1}{4}$
23	$1\frac{4}{9}$	29	$\frac{5}{6}$	35	$\frac{3}{10}$
24	$2\frac{4}{7}$	30	$\frac{1}{4}$	36	$\frac{4}{7}$

4일

26쪽

1	$\frac{1}{4}$	7	$\frac{3}{14}$	13	$1\frac{1}{11}$
2	$\frac{2}{5}$	8	$\frac{7}{16}$	14	$\frac{5}{13}$
3	$\frac{1}{6}$	9	$\frac{2}{5}$	15	$\frac{2}{17}$
4	$\frac{3}{7}$	10	$1\frac{1}{3}$	16	$\frac{13}{19}$
5	$\frac{7}{10}$	11	$\frac{4}{9}$	17	$\frac{11}{21}$
6	$\frac{2}{11}$	12	$\frac{3}{5}$	18	$1\frac{5}{8}$

27쪽

19	$\frac{7}{10}$	25	$\frac{21}{32}$	31	$\frac{2}{7}$
20	$\frac{11}{20}$	26	$1\frac{5}{6}$	32	$\frac{3}{20}$
21	$\frac{5}{6}$	27	$\frac{14}{19}$	33	$1\frac{1}{8}$
22	$\frac{10}{17}$	28	$\frac{3}{20}$	34	$\frac{7}{12}$
23	$1\frac{3}{4}$	29	$\frac{1}{13}$	35	$\frac{5}{6}$
24	$\frac{3}{14}$	30	$\frac{4}{11}$	36	$\frac{79}{80}$

5일

28쪽

1	$\frac{2}{3}$ / $2\frac{1}{6}$	5	$\frac{3}{7}$ / $\frac{1}{6}$
2	$\frac{3}{8}$ / $\frac{2}{17}$	6	$\frac{4}{17}$ / $\frac{5}{6}$
3	$\frac{1}{9}$ / $\frac{3}{7}$	7	$2\frac{1}{5}$ / $\frac{11}{13}$
4	$\frac{5}{8}$ / $\frac{17}{72}$	8	$\frac{1}{9}$ / $\frac{7}{8}$

29쪽

9	$1\frac{1}{6}$ / $\frac{4}{5}$	13	$\frac{4}{17}$ / $\frac{2}{13}$
10	$\frac{2}{9}$ / $\frac{3}{7}$	14	$\frac{3}{8}$ / $1\frac{6}{7}$
11	$\frac{1}{7}$ / $\frac{1}{4}$	15	$\frac{17}{19}$ / $3\frac{1}{5}$
12	$\frac{4}{11}$ / $\frac{2}{9}$	16	$\frac{5}{6}$ / $\frac{3}{4}$

생각 수학

30쪽

지혜 $1\frac{1}{7} \div 4 = \frac{2}{7}$

준호 $1\frac{2}{7} \div 3 = \frac{3}{7}$

진수 $1\frac{3}{7} \div 5 = \frac{2}{7}$

서희 $2\frac{1}{7} \div 5 = \frac{3}{7}$

지혜와 진수, 준호와 서희가 짝입니다.

31쪽

정답 3주 (소수) ÷ (자연수) (1)

1일

34쪽

1 7.3
2 3.52
3 4.95
4 6.4
5 9.13
6 6.98
7 3.4
8 5.27
9 7.23

35쪽

10 13.7
11 16.73
12 8.71
13 27.46
14 19.2
15 6.54
16 5.67
17 19.71
18 7.9

2일

36쪽

1 8.7
2 9.98
3 3.47
4 9.7
5 6.42
6 6.76
7 5.2
8 4.82
9 7.95

37쪽

10 11.7
11 12.7
12 6.7
13 2.5
14 13.2
15 19.8
16 11.25
17 13.78
18 21.43

3일

38쪽

1 3.3
2 4.68
3 7.38
4 4.1
5 7.87
6 8.59
7 5.4
8 9.78
9 6.54

39쪽

10 4.4
11 6.7
12 21.38
13 21.8
14 7.56
15 2.92
16 23.4
17 3.37
18 8.2
19 3.5
20 6.4
21 4.32
22 5.68
23 6.7
24 1.59
25 15.17
26 5.7
27 24.56

4일

40쪽

1 7.1
2 8.45
3 3.57
4 9.3
5 9.67
6 6.84
7 5.6
8 7.28
9 9.59

41쪽

10 2.7
11 4.1
12 9.8
13 7.63
14 13.7
15 4.79
16 4.9
17 14.7
18 3.58
19 4.64
20 6.9
21 11.27
22 12.43
23 4.7
24 19.43
25 17.8
26 23.79
27 31.25

5일

42쪽

1 3.5
2 6.4
3 7.36
4 5.72
5 17.4
6 6.78
7 7.24
8 3.9
9 7.4
10 17.28

43쪽

11 4.1
12 6.7
13 3.46
14 11.2
15 5.38
16 4.63
17 5.7
18 8.27
19 9.3
20 17.25

생각 수학

44쪽 45쪽

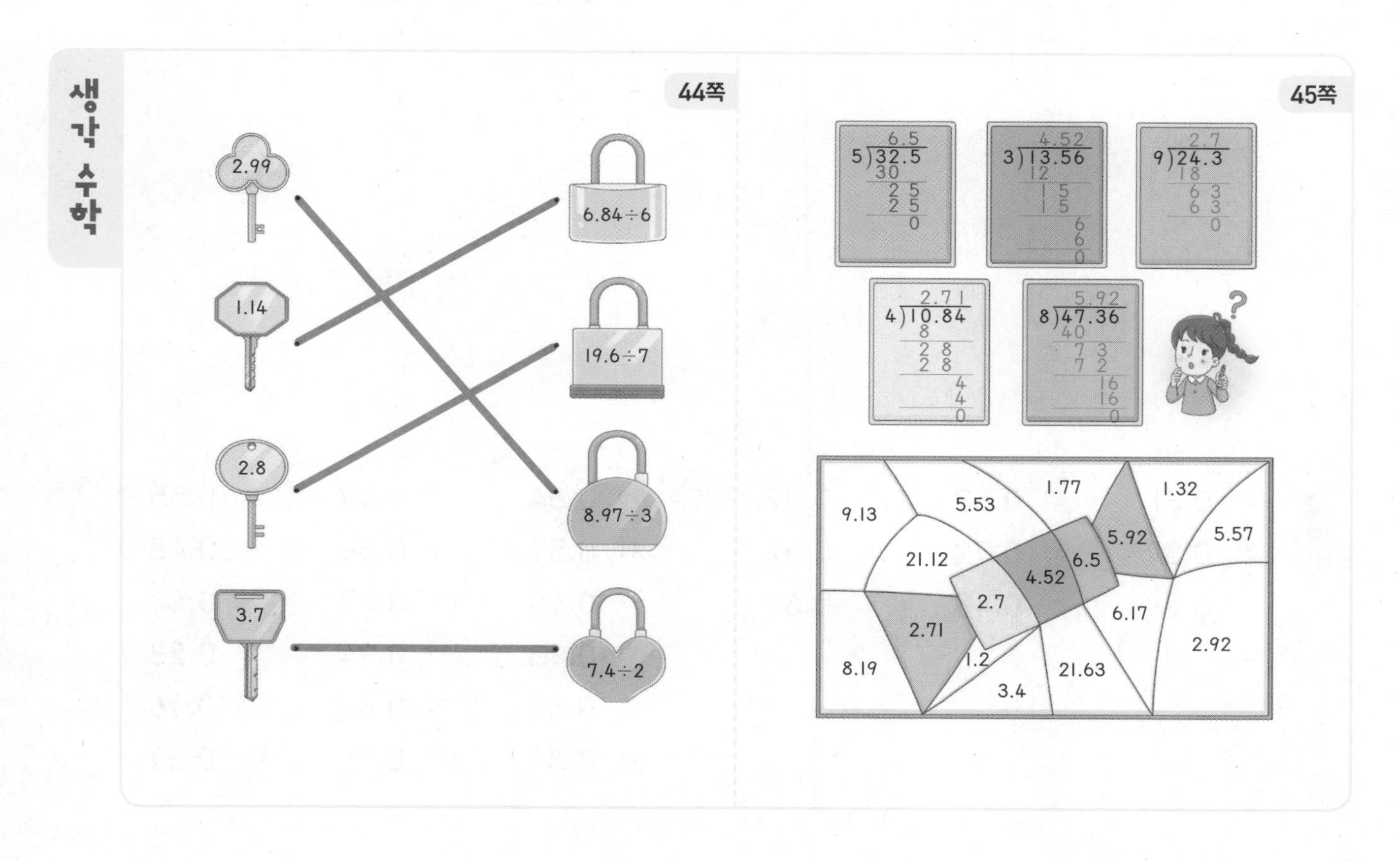

정답 4주 (소수) ÷ (자연수) (2)

1일

48쪽

1 0.42
2 0.45
3 0.69
4 0.19
5 0.91
6 0.54
7 0.37
8 0.78
9 0.47

49쪽

10 0.21
11 0.87
12 0.64
13 0.28
14 0.63
15 0.17
16 0.48
17 0.76
18 0.92
19 0.39
20 0.19
21 0.84

2일

50쪽

1 0.39
2 0.95
3 0.87
4 0.28
5 0.37
6 0.71
7 0.47
8 0.67
9 0.41

51쪽

10 0.61
11 0.34
12 0.92
13 0.42
14 0.24
15 0.13
16 0.89
17 0.78
18 0.55
19 0.67
20 0.89
21 0.63

3일

52쪽

1 0.31
2 0.37
3 0.29
4 0.63
5 0.72
6 0.48
7 0.92
8 0.51
9 0.69

53쪽

10 0.64
11 0.57
12 0.45
13 0.93
14 0.86
15 0.39
16 0.49
17 0.54
18 0.37
19 0.94
20 0.87
21 0.76
22 0.55
23 0.48
24 0.43
25 0.23
26 0.96
27 0.87

4일

54쪽

1	0.65	4	0.63	7	0.39
2	0.56	5	0.57	8	0.92
3	0.43	6	0.42	9	0.77

55쪽

10	0.25	16	0.39	22	0.77
11	0.37	17	0.56	23	0.85
12	0.49	18	0.47	24	0.27
13	0.64	19	0.58	25	0.27
14	0.73	20	0.93	26	0.68
15	0.82	21	0.88	27	0.98

5일

56쪽

1	0.28	6	0.59
2	0.37	7	0.76
3	0.31	8	0.86
4	0.49	9	0.77
5	0.63	10	0.97

57쪽

(위에서부터)

11	0.45 / 0.15	15	0.17 / 0.51
12	0.31 / 0.93	16	0.19 / 0.57
13	0.28 / 0.84	17	0.98 / 0.49
14	0.41 / 0.82	18	0.68 / 0.17

생각 수학

58쪽

민지: 1.14 ÷ 3 = 0.38 (m)

지훈: 1.44 ÷ 4 = 0.36 (m)

아영: 1.85 ÷ 5 = 0.37 (m)

➡ 자른 리본 한 도막의 길이가 가장 긴 사람은 민지 입니다.

59쪽

정답 5주 (소수) ÷ (자연수) (3)

1일

62쪽

1	3.24	4	2.48	7	6.22
2	9.45	5	4.26	8	5.55
3	7.95	6	6.56	9	4.75

63쪽

10	1.48	13	7.85	16	1.248
11	6.28	14	9.26	17	3.498
12	7.25	15	4.55	18	5.716

2일

64쪽

1	3.25	4	4.16	7	1.65
2	6.95	5	9.55	8	8.34
3	3.45	6	7.85	9	5.45

65쪽

10	3.35	13	4.55	16	3.715
11	4.225	14	8.95	17	3.44
12	6.28	15	1.125	18	6.925

3일

66쪽

1	0.65	4	0.95	7	0.75
2	6.22	5	5.95	8	5.28
3	7.45	6	9.35	9	6.45

67쪽

10	0.95	16	0.85	22	8.245
11	3.245	17	3.45	23	9.245
12	8.65	18	6.72	24	3.988
13	9.15	19	8.75	25	6.244
14	7.28	20	4.395	26	5.795
15	9.46	21	6.715	27	9.895

4일

68쪽

1	0.45	4	0.35	7	0.92
2	8.15	5	8.65	8	9.45
3	3.92	6	7.15	9	5.85

69쪽

10	0.35	16	8.95	22	6.925
11	2.65	17	0.72	23	3.948
12	4.15	18	7.35	24	5.915
13	4.95	19	2.375	25	6.485
14	1.28	20	3.915	26	3.435
15	7.55	21	4.244	27	9.765

5일

70쪽

1	0.86	6	1.235
2	3.45	7	4.235
3	6.25	8	6.715
4	4.85	9	4.248
5	5.95	10	9.245

71쪽

11	0.42 / 2.55	16	1.955 / 2.375
12	7.95 / 8.25	17	4.248 / 6.394
13	4.94 / 6.25	18	4.925 / 2.275
14	1.45 / 3.95	19	6.965 / 3.555
15	3.15 / 9.85	20	4.915 / 1.985

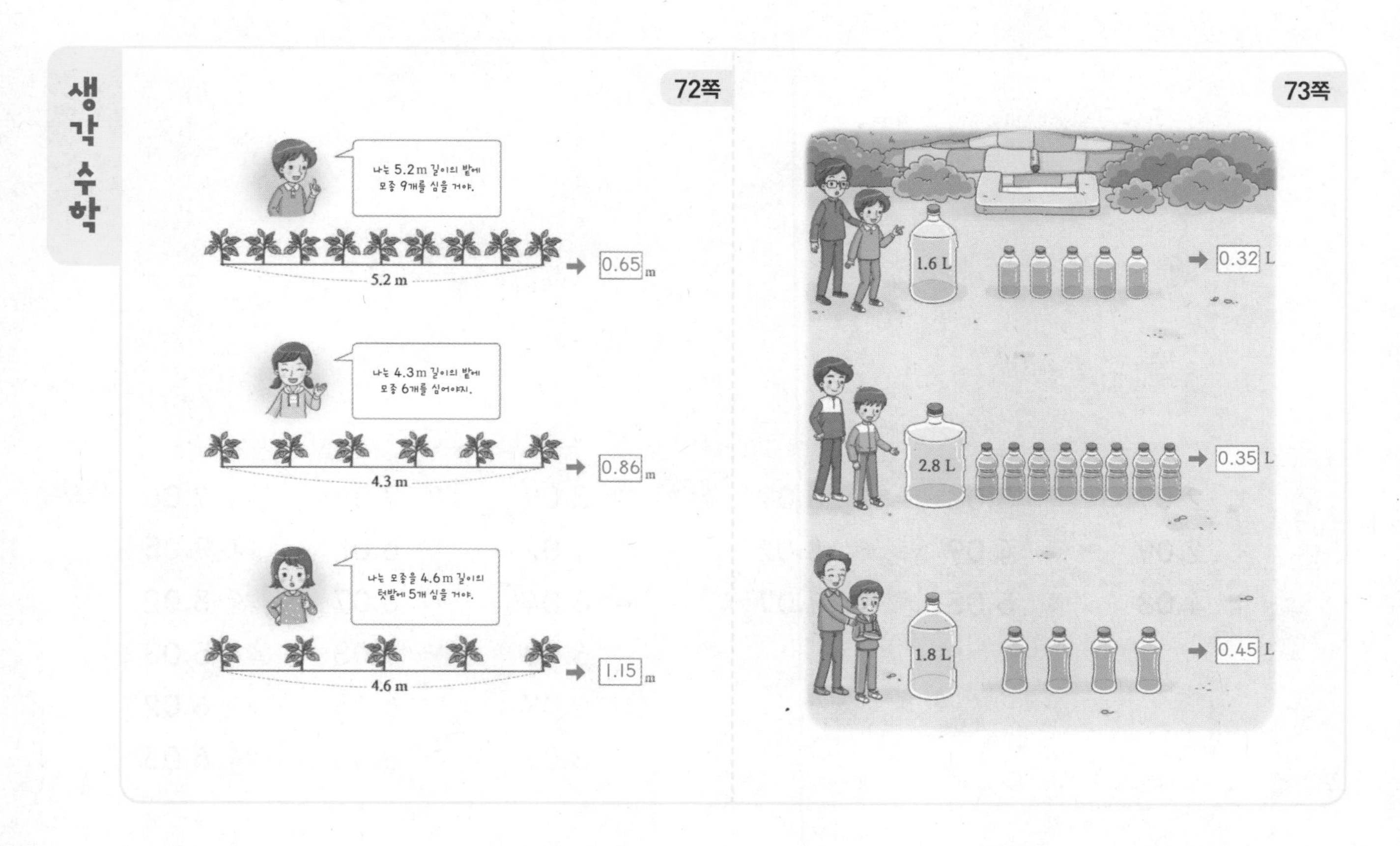

정답 6주 (소수) ÷ (자연수) (4)

1일

76쪽

1	2.08	4	1.09	7	1.07
2	3.04	5	4.09	8	3.07
3	3.02	6	4.02	9	8.05

77쪽

10	3.03	14	3.07	18	9.01
11	2.05	15	2.09	19	8.05
12	4.08	16	7.08	20	7.03
13	5.09	17	5.07	21	9.08

2일

78쪽

1	4.09	4	5.02	7	9.03
2	2.03	5	3.02	8	8.07
3	4.03	6	6.09	9	9.05

79쪽

10	7.04	14	5.05	18	5.06
11	5.04	15	6.01	19	7.08
12	6.06	16	3.06	20	6.05
13	7.02	17	5.08	21	9.01

3일

80쪽

1	2.07	4	3.08	7	6.07
2	2.09	5	4.09	8	8.02
3	4.08	6	5.05	9	9.07

81쪽

10	3.09	16	7.09	22	9.06
11	7.02	17	6.01	23	7.05
12	4.04	18	8.07	24	8.02
13	6.03	19	9.03	25	5.03
14	9.07	20	6.05	26	6.02
15	3.07	21	5.03	27	6.05

4일

82쪽

1 2.01
2 3.05
3 4.05
4 5.07
5 7.08
6 6.09
7 9.09
8 7.05
9 2.07

83쪽

10 3.03
11 4.04
12 5.06
13 5.09
14 4.03
15 7.06
16 5.04
17 6.07
18 7.02
19 9.02
20 8.05
21 6.07
22 5.04
23 6.02
24 8.09
25 7.05
26 3.05
27 4.06

5일

84쪽

1 3.09
2 4.03
3 5.03
4 6.07
5 9.04
6 4.05
7 5.06
8 4.06
9 8.01
10 9.05

85쪽

11 1.08 / 8.07
12 1.09 / 6.06
13 7.05 / 4.09
14 5.04 / 8.01
15 9.04 / 3.06
16 6.08 / 9.06
17 5.04 / 4.05
18 5.06 / 7.08
19 9.06 / 7.08
20 5.04 / 3.02

생각 수학

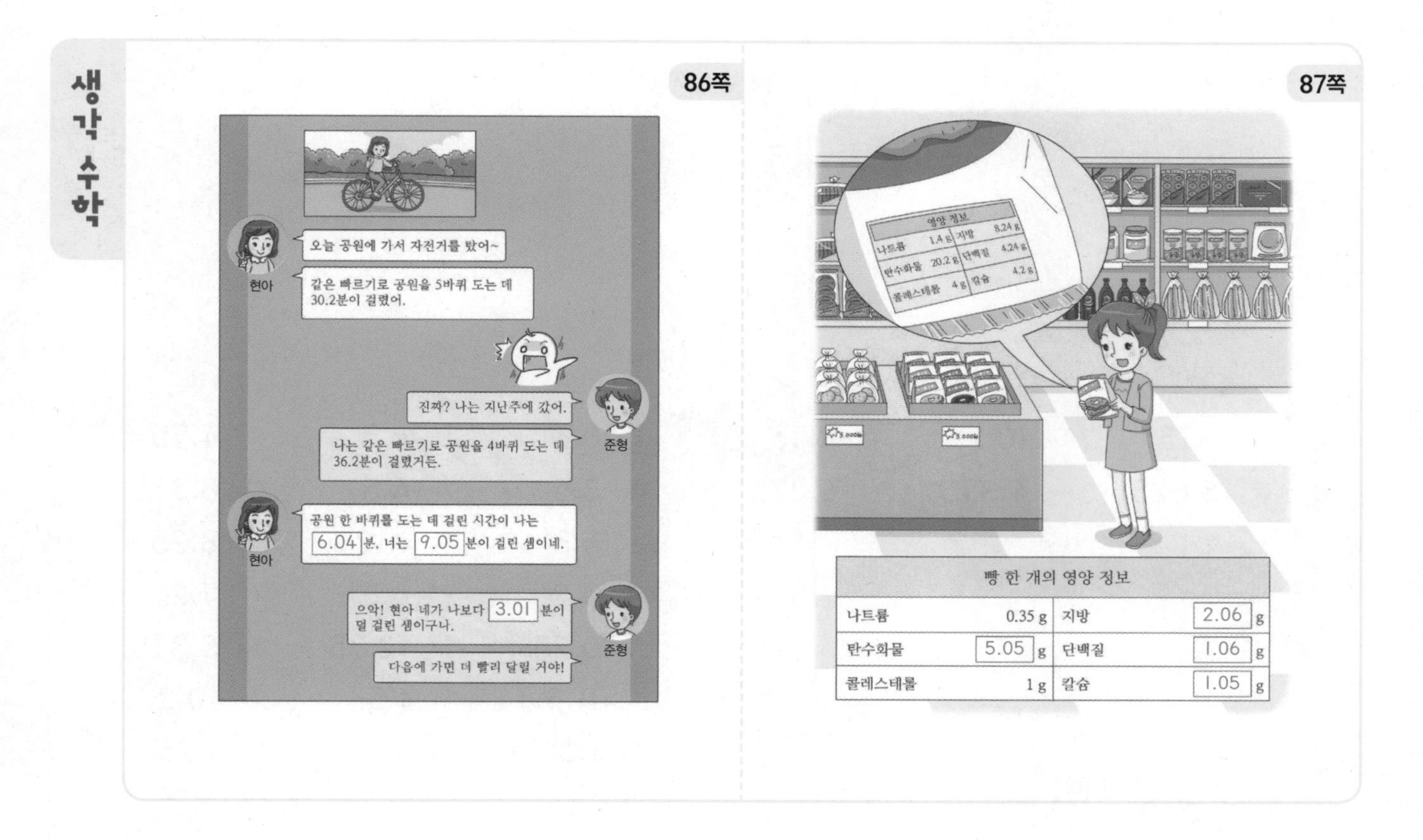

빵 한 개의 영양 정보			
나트륨	0.35 g	지방	2.06 g
탄수화물	5.05 g	단백질	1.06 g
콜레스테롤	1 g	칼슘	1.05 g

정답 7주 (자연수) ÷ (자연수)

1일

90쪽

1 1.5
2 4.25
3 2.25
4 1.4
5 3.25
6 2.75
7 1.2
8 3.25
9 5.75

91쪽

10 2.5
11 2.5
12 4.75
13 2.125
14 5.5
15 8.5
16 5.25
17 3.125
18 7.5
19 6.4
20 6.75
21 3.375

2일

92쪽

1 4.5
2 4.25
3 6.25
4 6.2
5 8.75
6 5.25
7 8.5
8 6.25
9 1.75

93쪽

10 2.5
11 2.75
12 1.5
13 1.625
14 1.5
15 3.75
16 12.5
17 3.625
18 3.5
19 1.25
20 7.25
21 4.125

3일

94쪽

1 1.75
2 5.625
3 10.25
4 4.375
5 9.75
6 6.375

95쪽

7 0.8
8 3.5
9 5.5
10 3.2
11 0.25
12 11.5
13 1.375
14 4.5
15 4.5
16 1.125
17 6.5
18 12.75
19 1.5
20 4.4
21 4.75
22 8.375
23 8.25
24 7.2
25 5.375
26 10.2
27 1.25

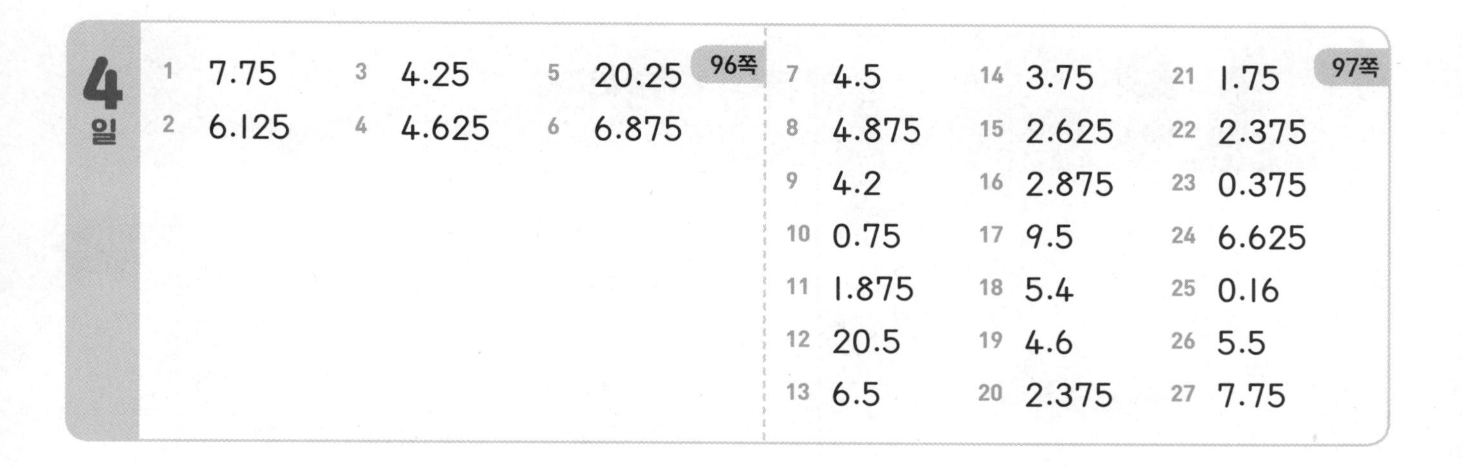

4일

96쪽

1	7.75	3	4.25	5	20.25
2	6.125	4	4.625	6	6.875

97쪽

7	4.5	14	3.75	21	1.75
8	4.875	15	2.625	22	2.375
9	4.2	16	2.875	23	0.375
10	0.75	17	9.5	24	6.625
11	1.875	18	5.4	25	0.16
12	20.5	19	4.6	26	5.5
13	6.5	20	2.375	27	7.75

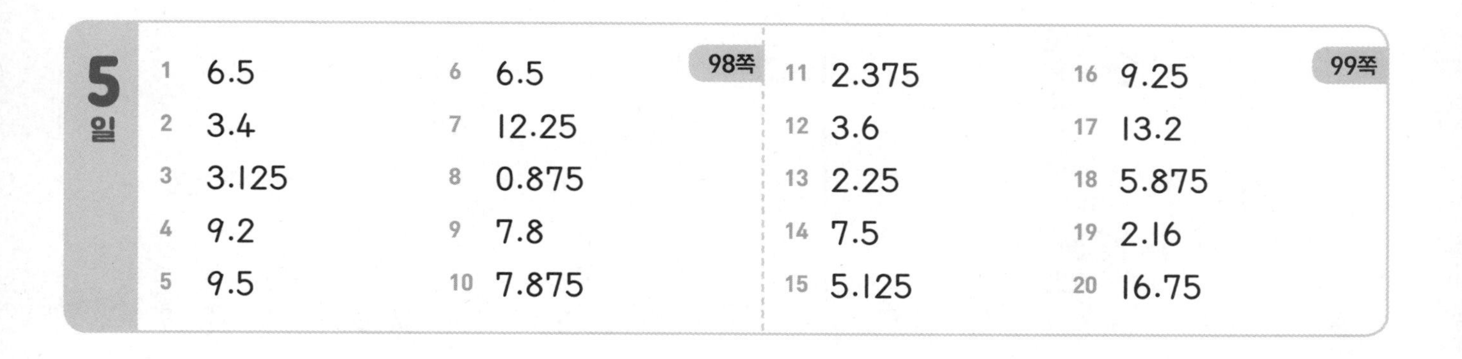

5일

98쪽

1	6.5	6	6.5
2	3.4	7	12.25
3	3.125	8	0.875
4	9.2	9	7.8
5	9.5	10	7.875

99쪽

11	2.375	16	9.25
12	3.6	17	13.2
13	2.25	18	5.875
14	7.5	19	2.16
15	5.125	20	16.75

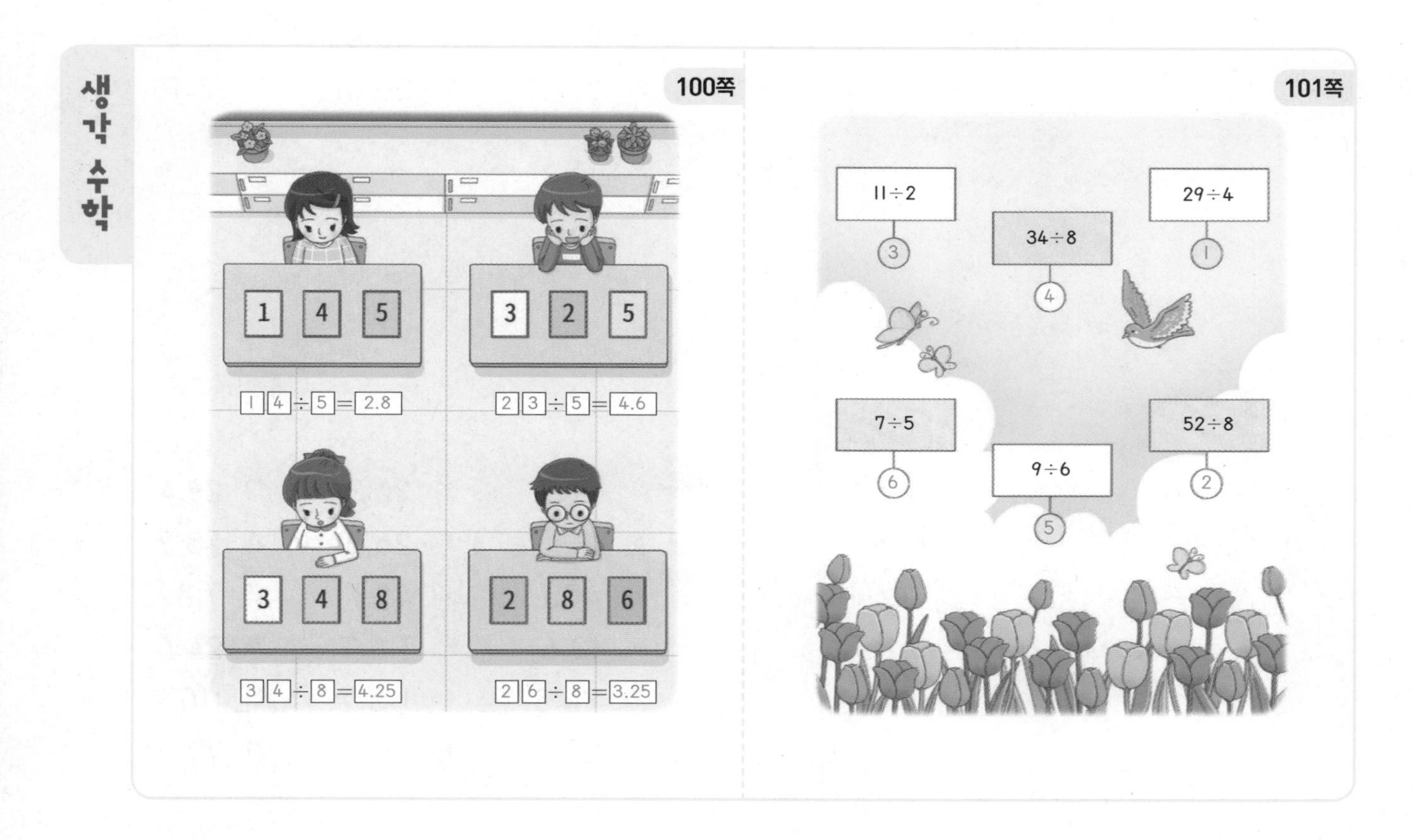

정답 8주 몫을 반올림하여 나타내기

1일

104쪽

1 5.6
2 4.2
3 15.3
4 12.7

105쪽

5 5.3
6 7.2
7 99.2
8 7.4
9 76.1
10 35.8
11 5.1
12 78.7
13 87.7
14 95.6
15 10.7
16 15.8
17 76.6
18 30.2
19 46.3
20 10.4
21 4.1
22 5.1

2일

106쪽

1 5.83
2 4.86
3 2.89
4 7.44

107쪽

5 16.33
6 6.17
7 21.29
8 43.45
9 51.57
10 8.71
11 24.67
12 9.86
13 27.33
14 43.08
15 36.65
16 20.61
17 11.57
18 14.14
19 28.64
20 48.31
21 13.89
22 15.18

3일

108쪽

1 9.8
2 5.9
3 11.3
4 12.2

109쪽

5 21.9
6 2.3
7 47.1
8 13.6
9 96.8
10 26.1
11 26.3
12 26.3
13 49.1
14 110.7
15 115.7
16 69.6
17 29.4
18 43.7
19 7.8
20 24.6
21 110.1
22 77.9

4일

110쪽

1 2.56
2 5.67
3 3.33
4 7.57

111쪽

5 2.82
6 3.67
7 2.47
8 19.71
9 15.09
10 14.62
11 3.28
12 12.43
13 18.67
14 34.43
15 16.09
16 7.81
17 3.26
18 30.33
19 21.17
20 17.11
21 14.54
22 14.53

5일

112쪽

1 7.8 / 7.83
2 6.6 / 6.56
3 5.3 / 5.29
4 22.7 / 22.67
5 2.2 / 2.18
6 7.3 / 7.33
7 3.9 / 3.86
8 5.4 / 5.39

113쪽

9 11.4 / 11.37
10 11.3 / 11.29
11 34.5 / 34.46
12 55.6 / 55.59
13 35.7 / 35.72
14 81.5 / 81.55
15 22.3 / 22.26
16 32.9 / 32.89

생각 수학

114쪽

115쪽

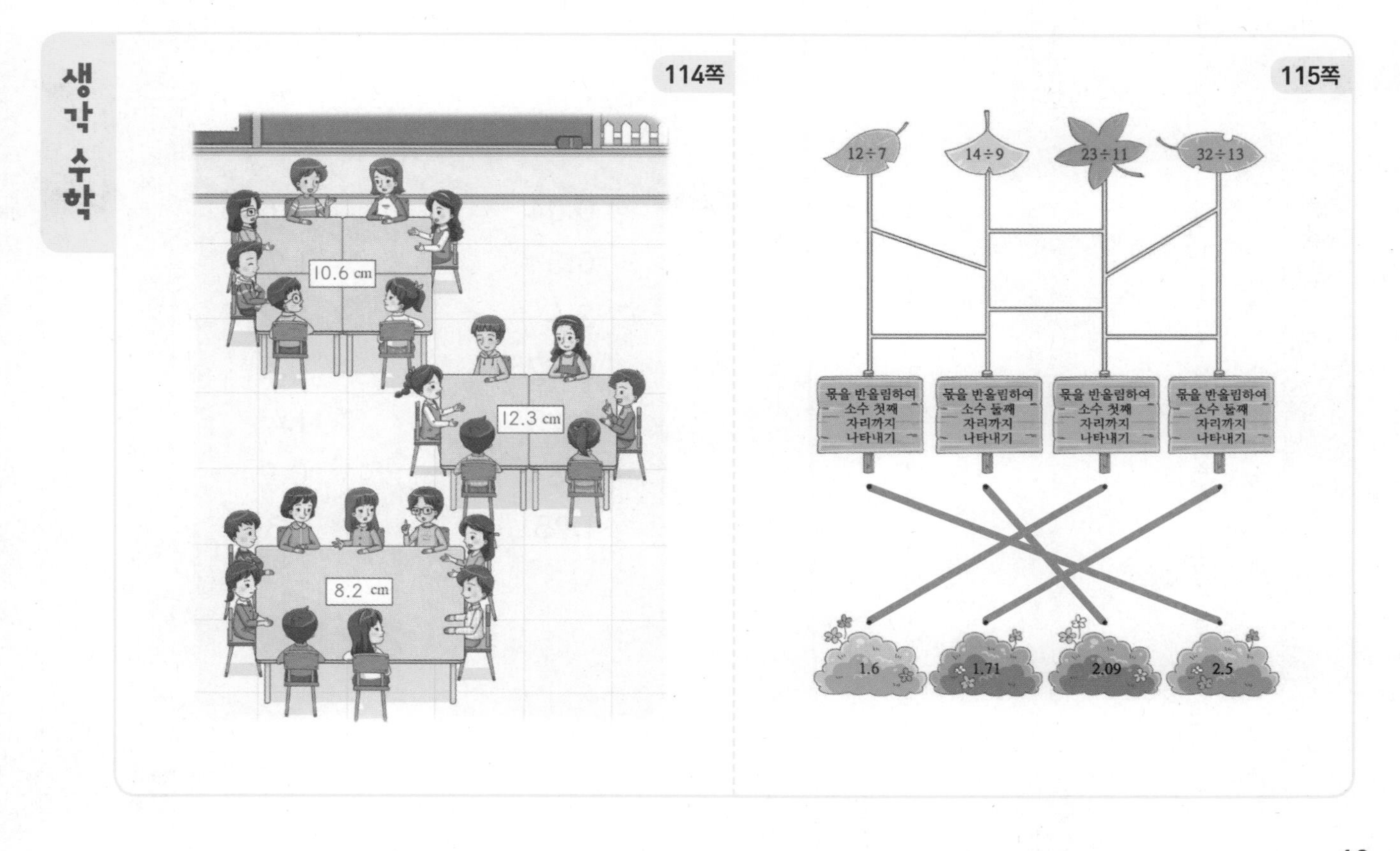

정답 9주 비와 비율

1일

118쪽

1. 5 / 3
2. 4 / 1
3. 7 / 4
4. 9 / 5
5. 5 / 6
6. 8 / 5
7. 9 / 10
8. 6 / 2
9. 8 / 11
10. 10 / 5

119쪽

11. 3 / 2
12. 5 / 3
13. 8 / 9
14. 3 / 7
15. 8 / 6
16. 7 / 15
17. 3 / 20
18. 9 / 4
19. 5 / 13
20. 14 / 6

2일

120쪽

1. $\frac{7}{10}$
2. $\frac{2}{5}$
3. $\frac{1}{3}$
4. $\frac{5}{2}\left(=2\frac{1}{2}\right)$
5. $\frac{3}{4}$
6. $\frac{2}{5}$
7. $\frac{4}{5}$
8. $\frac{1}{5}$
9. $\frac{3}{8}$
10. $\frac{1}{4}$
11. $\frac{3}{10}$
12. $\frac{1}{8}$
13. $\frac{7}{2}\left(=3\frac{1}{2}\right)$
14. $\frac{2}{5}$

121쪽

15. 0.125
16. 0.15
17. 0.2
18. 0.2
19. 0.12
20. 0.25
21. 1.25
22. 0.6
23. 0.25
24. 1.6
25. 0.4
26. 0.25
27. 0.375
28. 2.5

3일

122쪽

1. $\frac{1}{12}$
2. $\frac{1}{7}$
3. $\frac{3}{5}$
4. $\frac{2}{9}$
5. $\frac{1}{2}$
6. $\frac{2}{3}$
7. $\frac{8}{13}$
8. $\frac{2}{3}$
9. $\frac{3}{5}$
10. $\frac{3}{7}$
11. $\frac{3}{5}$
12. $\frac{5}{8}$
13. $\frac{3}{2}\left(=1\frac{1}{2}\right)$
14. $\frac{12}{13}$

123쪽

15. 0.04
16. 0.3
17. 2.4
18. 0.325
19. 0.25
20. 0.84
21. 1.25
22. 0.625
23. 1.7
24. 2.2
25. 0.6
26. 1.4
27. 0.9
28. 1.3

4일

124쪽

1 $\frac{2}{5}$ / 0.4

2 $\frac{1}{4}$ / 0.25

3 $\frac{4}{5}$ / 0.8

4 $\frac{5}{4}\left(=1\frac{1}{4}\right)$ / 1.25

5 $\frac{9}{20}$ / 0.45

6 $\frac{1}{2}$ / 0.5

7 $\frac{9}{2}\left(=4\frac{1}{2}\right)$ / 4.5

8 $\frac{3}{2}\left(=1\frac{1}{2}\right)$ / 1.5

9 $\frac{1}{8}$ / 0.125

10 $\frac{3}{4}$ / 0.75

125쪽

11 $\frac{1}{5}$ / 0.2

12 $\frac{9}{8}\left(=1\frac{1}{8}\right)$ / 1.125

13 $\frac{1}{4}$ / 0.25

14 $\frac{1}{2}$ / 0.5

15 $\frac{3}{2}\left(=1\frac{1}{2}\right)$ / 1.5

16 $\frac{1}{4}$ / 0.25

17 $\frac{9}{20}$ / 0.45

18 $\frac{1}{5}$ / 0.2

19 $\frac{3}{5}$ / 0.6

20 $\frac{3}{8}$ / 0.375

5일

126쪽

1 $\frac{3}{7}$

2 $\frac{17}{19}$

3 $\frac{2}{9}$

4 $\frac{5}{8}$

5 $\frac{2}{25}$

6 $\frac{1}{5}$

7 $\frac{3}{4}$

8 $\frac{5}{2}\left(=2\frac{1}{2}\right)$

9 $\frac{5}{3}\left(=1\frac{2}{3}\right)$

10 $\frac{3}{10}$

11 $\frac{5}{6}$

12 $\frac{9}{20}$

127쪽

13 2.5

14 0.45

15 0.05

16 0.3

17 3.5

18 0.25

19 0.44

20 1.5

21 0.24

22 0.8

23 0.08

24 0.5

생각 수학

128쪽

선수로 뽑힐 학생은 지원, 정훈 입니다.

129쪽

흰색 페인트 양에 대한 빨간색 페인트의 양의 비율을 각각 구합니다.

민주: $\frac{45}{300}=\frac{15}{100}=0.15$

지영: $\frac{56}{400}=\frac{14}{100}=0.14$

➡ 민주 (이)가 만든 분홍색 페인트가 더 진합니다.

정답 10주 백분율

1일

132쪽

1. $\frac{5}{100}\left(=\frac{1}{20}\right)$
2. $\frac{20}{100}\left(=\frac{1}{5}\right)$
3. $\frac{24}{100}\left(=\frac{6}{25}\right)$
4. $\frac{205}{1000}\left(=\frac{41}{200}\right)$
5. $\frac{10}{100}\left(=\frac{1}{10}\right)$
6. $\frac{35}{100}\left(=\frac{7}{20}\right)$
7. $\frac{55}{100}\left(=\frac{11}{20}\right)$
8. $\frac{40}{100}\left(=\frac{2}{5}\right)$
9. $\frac{425}{1000}\left(=\frac{17}{40}\right)$
10. $\frac{50}{100}\left(=\frac{1}{2}\right)$
11. $\frac{140}{100}\left(=\frac{7}{5}=1\frac{2}{5}\right)$
12. $\frac{64}{100}\left(=\frac{16}{25}\right)$
13. $\frac{120}{100}\left(=\frac{6}{5}=1\frac{1}{5}\right)$
14. $\frac{350}{100}\left(=\frac{7}{2}=3\frac{1}{2}\right)$

133쪽

15. 0.35
16. 0.14
17. 0.77
18. 0.085
19. 0.92
20. 0.3
21. 0.124
22. 0.31
23. 0.68
24. 0.4
25. 0.261
26. 0.36
27. 0.1
28. 0.52

2일

134쪽

1. $\frac{3}{100}$
2. $\frac{9}{100}$
3. $\frac{24}{100}\left(=\frac{6}{25}\right)$
4. $\frac{13}{100}$
5. $\frac{196}{1000}\left(=\frac{49}{250}\right)$
6. $\frac{32}{100}\left(=\frac{8}{25}\right)$
7. $\frac{34}{100}\left(=\frac{17}{50}\right)$
8. $\frac{45}{100}\left(=\frac{9}{20}\right)$
9. $\frac{51}{100}$
10. $\frac{774}{1000}\left(=\frac{387}{500}\right)$
11. $\frac{83}{100}$
12. $\frac{87}{100}$
13. $\frac{96}{100}\left(=\frac{24}{25}\right)$
14. $\frac{98}{100}\left(=\frac{49}{50}\right)$

135쪽

15. 0.19
16. 0.87
17. 0.275
18. 0.5
19. 0.98
20. 0.47
21. 0.187
22. 3.25
23. 0.63
24. 1.05
25. 0.26
26. 0.432
27. 0.59
28. 3.2

3일

136쪽

1. 5 %
2. 75 %
3. 80 %
4. 80 %
5. 70 %
6. 12 %
7. 23 %
8. 6.25 %
9. 45 %
10. 31 %
11. 45.2 %
12. 22 %
13. 63 %
14. 17.5 %

137쪽

15. 20 %
16. 25 %
17. 68 %
18. 350 %
19. 29 %
20. 2 %
21. 27.5 %
22. 75 %
23. 87.5 %
24. 16 %
25. 52.5 %
26. 31.25 %
27. 95 %
28. 530 %

4일

138쪽

1 90%
2 30%
3 16%
4 64%
5 250%
6 25%
7 130%
8 45%
9 35%
10 132%
11 94%
12 62.5%
13 44%
14 6%

139쪽

15 20%
16 56.25%
17 4.5%
18 11%
19 15%
20 95%
21 24%
22 68%
23 43%
24 66%
25 82%
26 22.5%
27 34%
28 93.7%

5일

140쪽

1 15%
2 $\frac{625}{1000}\left(=\frac{5}{8}\right)$
3 23%
4 $\frac{76}{100}\left(=\frac{19}{25}\right)$ / 76%
5 0.4
6 $\frac{6}{100}\left(=\frac{3}{50}\right)$ / 0.06
7 0.575 / 57.5%
8 0.32 / 32%

141쪽

9 85%
10 0.49 / 49%
11 $\frac{375}{1000}\left(=\frac{3}{8}\right)$ / 0.375
12 $\frac{35}{100}\left(=\frac{7}{20}\right)$ / 35%
13 $\frac{525}{1000}\left(=\frac{21}{40}\right)$
14 120%
15 3.5 / 350%
16 31.25%

생각 수학

142쪽

후보	지호	미성	태영	무효
득표 수(표)	100	160	136	4
득표율(%)	25	40	34	1

143쪽

맑음: $\frac{\boxed{21}}{30}\times 100=\boxed{70}$ (%)

흐림: $\frac{\boxed{3}}{30}\times 100=\boxed{10}$ (%)

비 옴: $\frac{\boxed{6}}{30}\times 100=\boxed{20}$ (%)

메모

1일 10분 초등 메가 계산력

정답